パワーエレクトロニクスと その応用　省エネ・エコ技術

岸 敬二 著

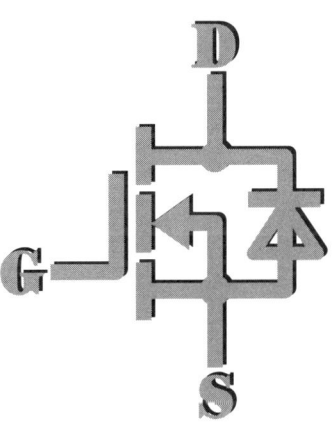

東京電機大学出版局

本書の全部または一部を無断で複写複製（コピー）することは，著作権法上での例外を除き，禁じられています。小局は，著者から複写に係る権利の管理につき委託を受けていますので，本書からの複写を希望される場合は，必ず小局（03-5280-3422）宛ご連絡ください。

まえがき

　終戦直後の1947年（昭和22年）12月23日，アメリカのベル研究所で初めて点接触ゲルマニウムトランジスタが信号の増幅作用を実験室で確認し，1948年に新聞発表してから今年（2008年）はちょうど「誕生後60周年，還暦」になる。

　この発明の後，半導体理論，材料および製造技術の進歩によって，半導体デバイスの応用分野は個人の携帯電話，パソコン，家庭の液晶テレビ，エアコン，ハイブリッド車を初め，公共の通勤電車，新幹線電車から金融・情報機器，医用機器，産業用重機械，宇宙機器などきわめて広く，一口では言い尽くせない。

　トランジスタの発明は「20世紀の最大の発明」といえる。電力を取扱う**パワーデバイス**と**制御**と**電力**を包括した技術分野を**パワーエレクトロニクス**といい，1947年はその幕開けの年といえる。

　筆者は平成7から17年度（1995から2005年度）まで日本工業大学電気電子工学科（学部と修士過程）においてパワーエレクトロニクスの講義を受けもち，延べ約3 200人の学生諸君に講義した。この時使用した教科書は1996年に東京電機大学出版局から出版した『パワーエレクトロニクスの基礎』であった。この図書が出版されてから12年が経過し，多々加筆すべき箇所があると感じていた。

　この度，工業高校，専門学校，大学，企業の若手技術者の諸氏によりよくパワーエレクトロニクスを理解してもらうように最新の技術，応用例を加えて内容を一新した。

　また，講義を担当する先生に使いやすくするため，1学期14週間（1回は予備として13回），1回を90分の時間で講義できるように章，節，項，ページ数を配置した。すなわち1回の講義時間で平均11ページ進めばパワーエレクトロニクスの全体像を学期内に解説できるようにした。

　最近の電気主任技術者検定試験（電検）を見ると，パワーエレクトロニクスから試験問題が出ている様である。このため，各章ごとに問題を用意し，その解答を本文末に付けて受験者に便利になるように考慮してある。本書がパワーエレクトロニクスを目指す諸氏に参考になるように願っている。

2008年　10月

岸　敬二

目 次

まえがき ……………………………………………………………………………………… i

はじめに ……………………………………………………………………………………… 1

第1章　パワーエレクトロニクスとは − 発展の歴史 − ……………………… 3
1.1　トランジスタ，サイリスタの誕生 …………………………………………… 3
1.2　パワーデバイスの高電圧・大電流化の歴史 ………………………………… 6
ひと休み 1　半導体デバイスの基礎を築いた人々 ……………………………… 8

第2章　パワーエレクトロニクスの基礎知識 − 電力変換, パワーデバイス − … 11
2.1　電力変換に関する記号，用語，組み合わせ ………………………………… 11
2.2　パワーデバイスの構造と分類 ………………………………………………… 13
　　2.2.1　デバイスの構造と転流 ………………………………………………… 13
　　2.2.2　デバイスの分類 ………………………………………………………… 15
　　2.2.3　デバイスの定格，特性と動作を表わす用語，記号 ………………… 17
2.3　半導体の性質と電子，正孔の挙動 …………………………………………… 18
　　2.3.1　真性半導体 ……………………………………………………………… 18
　　2.3.2　添加物シリコン単結晶 ………………………………………………… 20
2.4　シリコン単結晶，シリコンウエーハ，パワーデバイスの製法 …………… 22
　　2.4.1　地中の珪石から高純度シリコン単結晶へ − 高純度化技術 − ……… 23
　　2.4.2　単結晶ロッド／インゴットからウエーハへ ………………………… 25
　　2.4.3　パワーデバイスの製造工程 …………………………………………… 26
ひと休み 2　地中の珪石から高純度ポリシリコンへ …………………………… 33

第3章　パワーデバイスの動作原理 − 電子，正孔の挙動，特性，用語 − … 35
3.1　一つの接合があるデバイス − ダイオード …………………………………… 35
3.2　二つの接合があるデバイス − トランジスタ ………………………………… 38

3.2.1　バイポーラトランジスタ ………………………………………… 38
　3.2.2　MOSFET（金属酸化膜電界効果トランジスタ）………… 42
　3.2.3　IGBT（絶縁ゲートバイポーラトランジスタ）……………… 46
3.3　三つの接合があるデバイス－サイリスタ …………………………… 48
　3.3.1　（電流トリガ）サイリスタ ……………………………………… 48
　3.3.2　光トリガサイリスタ（Light Trigger Thyristor：LTT）……… 52
　3.3.3　ゲートターンオフサイリスタ（Gate-Turn-Off Thyrisutor：GTO）… 54
　ひと休み 3　最新の省エネデバイス，「IEGT」 ………………………… 57

第4章　パワーデバイスを使用するには …………………………… 59
4.1　ゲート回路 …………………………………………………………… 59
　4.1.1　デバイスに適したゲート回路 ………………………………… 59
4.2　デバイスを安全に使用するために ………………………………… 64
　4.2.1　接合が熱的に破壊するのを防ぐために ……………………… 64
　4.2.2　接合温度，オン電流の限界および低減 ……………………… 67
　4.2.3　デバイスの直列，並列接続 …………………………………… 68
　ひと休み 4　電磁波ノイズおよび伝導性ノイズとそのノイズ対策 …… 70

第5章　電力変換回路 ………………………………………………… 72
5.1　交流－直流電力変換回路（順変換回路，整流回路，コンバータ）… 73
　5.1.1　単相交流電源 …………………………………………………… 73
　5.1.2　三相交流電源 …………………………………………………… 78
　5.1.3　電力変換回路の設計法 ………………………………………… 85
5.2　交流－交流電力変換回路 …………………………………………… 87
　5.2.1　交流電力調整回路 ……………………………………………… 87
　5.2.2　交流電力直接変換回路 ………………………………………… 89
　5.2.3　交流電力間接変換回路 ………………………………………… 91
5.3　直流－直流電力変換回路 …………………………………………… 97
　5.3.1　直流電力直接変換回路（チョッパ回路）……………………… 97
　5.3.2　直流電力間接変換回路 ………………………………………… 100
5.4　直流－交流電力変換回路 …………………………………………… 106
　5.4.1　サイリスタを使用した直流－交流電力変換回路 …………… 106
　5.4.2　オン・オフデバイスによる電流形・電圧形直流－交流電力変換回路 … 107

5.5　電圧, 電流波形に含まれる高調波とその抑制法 ……………… 111
　　5.5.1　直流電圧高調波とその抑制法 ……………………… 111
　　5.5.2　交流電圧, 交流電流に含まれる高調波とその抑制法 …… 113
　ひと休み 5　直流または交流の電圧, 電流波形から平均値, 実効値の求め方 … 116

第 6 章　パワーエレクトロニクスの応用 － 家電・情報機器への応用 － … **121**
6.1　家電機器への応用 ………………………………………… 121
6.2　情報機器への応用 ………………………………………… 127
　ひと休み 6　家電機器の省エネ化 …………………………… 130

第 7 章　パワーエレクトロニクスの応用 － 電力系統への応用 － …… **132**
7.1　周波数変換装置 …………………………………………… 132
7.2　直流送電装置 ……………………………………………… 135
7.3　その他の応用例 － CO_2 削減を目指して …………………… 140
　ひと休み 7　日本の電気, 周波数の歴史 ……………………… 144

第 8 章　パワーエレクトロニクスの応用 － 電動機制御 － …………… **146**
8.1　電動機の原理と種類 ………………………………………… 146
　　8.1.1　電動機の原理 …………………………………………… 146
　　8.1.2　電動機の種類 …………………………………………… 148
8.2　産業への応用 ……………………………………………… 154
　　8.2.1　製鉄・製鋼用圧延設備 ………………………………… 154
　　8.2.2　産業用電動機の制御 …………………………………… 156
8.3　交通・輸送機器への応用 …………………………………… 157
　　8.3.1　最新型の通勤・新幹線車両の電動機駆動方式 ……… 157
　　8.3.2　エレベータ ……………………………………………… 162
　　8.3.3　ハイブリッド車 ………………………………………… 163
　ひと休み 8-1　電動機の小形化を支える高性能永久磁石 ……… 166
　ひと休み 8-2　省エネ, CO_2 削減に努力する新幹線 …………… 168

問題の解答 ……………………………………………………… **170**
付　録 …………………………………………………………… **176**
索　引 …………………………………………………………… **179**

はじめに

　1947年12月にベル研究所で発明された点接触ゲルマニウムトランジスタは理論の裏付け，実験・試作のくり返えし，特許申請を経て正式に新聞発表したのは1948年7月1日であった（このとき，新聞記者はあまり関心を示さなかった）。この年から今年2008年は「トランジスタ誕生60周年（還暦）」の年である。

　この発表を契機に，1950年に**接合型**トランジスタ，1957年のSCR*，1959年の**集積**デバイスの発明，商品化と発展し，今日の衛星通信，高度情報化社会，生活を豊にする家電機器，交通機器，電力制御の基礎を築いた。

　1960年代に入り，エレクトロニクス（パワーデバイス）とコントロール（**制御**）と**パワー**（**電力**）を包括した技術分野をパワーエレクトロニクスというようにり，この分野の技術はこの年代以降大きく発展した。

　サイリスタは電流信号でオン動作を，トランジスタは電流信号で電力をオン・オフ動作をするが，最近では光信号でオン状態になる光トリガサイリスタや電圧信号で大電力をオン・オフ動作ができるMOSFET，IGBTが開発された。これらのデバイスの定格電圧，電流は増加し，諸特性は大きく改善され，従来のサイリスタに代って大電力の制御に広く使用されるようになってきた。

　一方，パワーデバイスを使用した電力変換には多種多様の回路が開発されているが，電源，変換回路および負荷を含めたシステム全体の経済性，高効率（省電力），信頼性，小さい高調波成分などを総合的に検討して電力変換回路を選択する。

　たとえば，電動機を制御する場合，以前は直流電動機が広く使用されていたが，その後，経済的で保守を省力化できる誘導電動機に移行し，最近ではさらに小形・軽量の永久磁石付き電動機が使われるようになって高精度の回転数，トルク，位置の制御，電力回生を行なっている。

　＊　SCR（Silicon Controlled Rectifier）の名称は1963年以降，サイリスタ（Thyristor）になった。

本書は，最近のパワーデバイスの種類と特性，変換回路の種類，波形と特徴，波形の積分法，設計上の留意点などを述べ，家電・情報機器，電力および電動力の制御について解説し，応用例として新信濃周波数変換設備，紀伊水道直流送電設備，E233通勤電車，N700系新幹線電車，ハイブリッド車，風力発電機など，もっとも新しい例をあげて学生，若手技術者が関心をもつように解説した。

　解説にあたって，読者に内容をより理解しやすくするよう著者は配慮を重ね，その章に関連する補足事項，および背景を章末の「ひと休み」に述べてある。

第1章

パワーエレクトロニクスとは
― 発展の歴史 ―

　パワーエレクトロニクスという言葉は1973年ころから言われるようになり**半導体**と**電力**と**制御**の三つの領域を結び付ける技術分野を意味している。

　換言すれば「**パワーデバイス**とその**制御**によって**電力の制御**を行なう技術分野」をいう。**パワーデバイス**とは，ダイオード，トランジスタ，サイリスタなどの電力を扱う**半導体デバイス**をいい，パワーエレクトロニクスの根幹となる部品であり，その技術は広くて深い。半導体デバイスにはこのほかCPU，DRAM，フラッシュメモリなどの信号を取り扱う**集積デバイス**，**発光デバイス**など多種多様あり，電子回路に広く使用されている。

1.1　トランジスタ，サイリスタの誕生[1],[2],[3]

　第二次大戦中，アメリカは真空管を使用して通信，レーダ，弾道計算などを行なってきたが，装置は大型で電力消費と発熱は大きく，故障が多かった。

　戦後，この欠点を解決するため，アメリカのベル研究所は「真空管の代わりに半導体材料を使用して信号の増幅（真空管増幅器の固体化）ができないか」をテーマにした研究チームを発足させた。研究チームは理論，仮説と実験をくり返し，ゲルマニウム単結晶に針を接触させた点接触構造で1947年12月23日に初めて信号の増幅作用を確認し，その回路とデータを翌12月24日の実験ノートに書いた。この年が「半導体（トランジスタ）元年」である。この固体の**点接触ゲルマニウムトランジスタ**は画期的な発明であり，真空管のようなヒータ，余熱時間が不要で，振動に強く，小形・軽量という大きな特徴があった。1956年，この発明に

対しShockley，Brattain，Bardeenの3氏はノーベル物理学賞を受賞した。

1950年，同じくベル研究所のTeal，Sparksの両氏はゲルマニウム単結晶に初めて接合面を形成した**接合形ゲルマニウムトランジスタ**を動作させた。これを契機に半導体理論と材料，デバイスの製法技術が進歩した。半導体材料は初期のゲルマニウム単結晶からシリコン単結晶になり，デバイスの特性が改善された。

トランジスタが発明された1947年以前では，交流から直流，直流から交流への電力変換には水銀整流器を使用していた。水銀整流器は真空中の水銀の放電現象により電力を変換させるため，多くの制約と動作の信頼性に問題があった。

整流機能をもつシリコンダイオードが1960年ごろから実用され，その電圧，電流定格の増加とともに大容量の交流－直流の電力変換に使用されるようになった。

トランジスタはベース電流を流しているときのみオン状態になるが，1956年に「2個のトランジスタを組み合わせると，ベース電流を流してオン状態にしたのち，ベース電流を取り除いてもオン状態が持続する」という論文が発表された。この着想を基にアメリカのGE社は1957年にオフおよび逆阻止電圧200～400V，オン電流5～16AをSCR(Silicon Controlled Rectifire)という名称で発売し，調光器，無接点スイッチ，小形モータなど小電力の制御に使用されるようになり，SCRの市場が拡大した。1963年，SCRはサイリスタ(Thyristor)の名称になった。1956年は「サイリスタ元年」である。

シリコン単結晶の物性および高純度化の研究，添加元素，結晶内に形成した接合と電子，正孔の挙動と濃度分布の研究，最適な接合構造の研究，設計・製造技術などの急速な進歩により，ダイオード，トランジスタ，サイリスタの電圧・電流定格は大きくなり，動作特性は大幅に改善された。

パワーデバイスの高電圧，大電流化，特性改善に伴い**パワーデバイス**は図1.1のように半導体産業の柱になった。パワーデバイスは産業分野に広く使用されるようになり，パワーエレクトロニクスは大きく発展した。この動向により1960年代後半，水銀整流器は産業分野から消えた。

1960年にトランジスタの製法を応用して，1枚のシリコン基板の上にトランジスタ，抵抗，コンデンサを固体の回路として形成して信号の蓄積・消去の機能をもった集積デバイスの基本特許（Kilby特許）が発表され，1961年にアメリカのTI(Texas Instruments)社は集積デバイスの試作品を発表した[4]。1961年は「集

1.1 トランジスタ, サイリスタの誕生　5

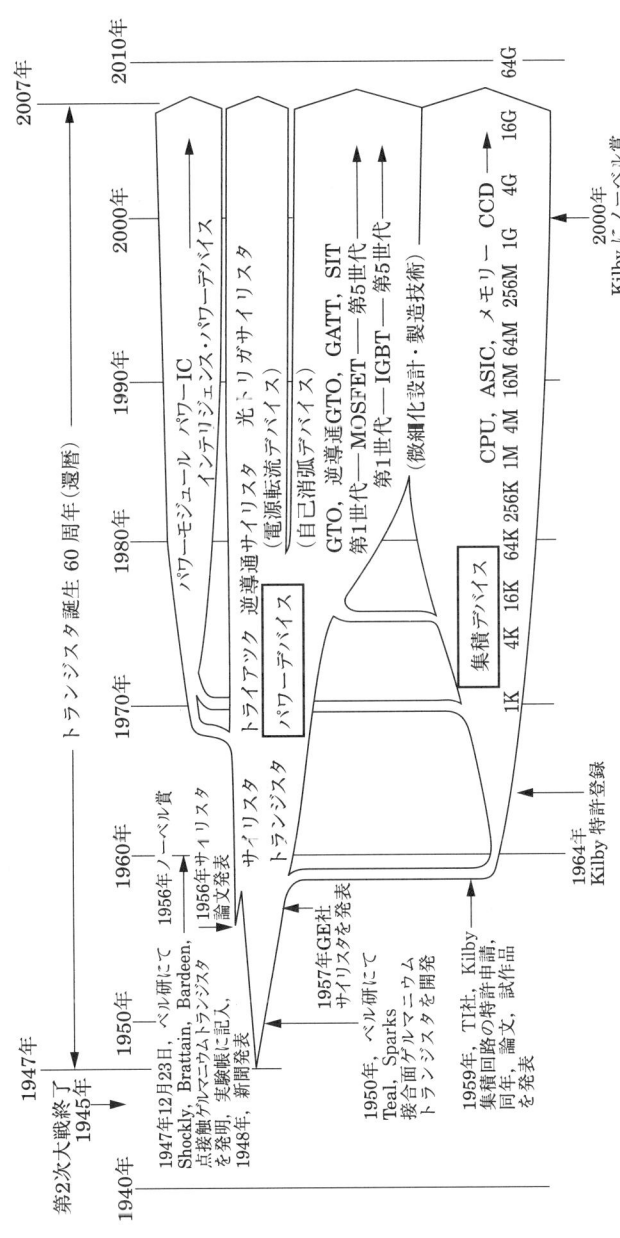

図 1.1　半導体デバイス産業の発展の歴史

積デバイス元年」といえる。Kilby氏は2000年にノーベル物理学賞を受賞した。

　この構造，動作原理，製法を契機として多種多様のIC＊，LSI＊＊が開発され，集積デバイスは同図のように半導体産業のもう一つの大きい柱になった。この図の上・下の連絡線は技術（たとえば，微細化・集積化技術，パッケージ技術など）が移転したことを示す。

　集積デバイスはオフィス・パーソナル用コンピュータ，携帯電話，デジタル家電，金融・情報機器，産業機器，通勤・高速電車，航空・交通管制用機器および医用機器など応用分野はきわめて広く，現代の世界規模の社会活動，個人の生活にとって必要不可欠なデバイスになっており，売上金額では集積デバイスのほうがはるかに大きい。2007年の世界の半導体デバイスの総売上高は約27.2兆円であるから，日本の国家予算（2007年は約85兆円）の約32％に相当する。2008年はパソコン，薄形テレビ，デジタルカメラなどの伸びにより7.7％の売上増が予想されている。

　この図から，1960年代はパワーエレクトロニクスの揺籃期，1970〜1980年代は発展期，1990年代は拡大・成熟期といえる。このような歴史から，「2008年はトランジスタ発明60周年」の記念すべき年である。

1.2　パワーデバイスの高電圧，大電流化の歴史

　サイリスタを例にとると，1960年代の初期では定格電圧は400V，定格電流は80A級であった。サイリスタの応用分野が広がるに従って，より大きな電力を取り扱う需要が増え，制御し得る電圧，電流を増加させる強い要求があった。

　デバイスの高電圧，大電流化，特性の改善には理論と製造プロセスの最適化と同時に，シリコン単結晶基板の品質向上，大口径化は必要条件である。とくに，高電圧化には単結晶の品質が，大電流化には直径の大きい基板が必要である。

　＊　IC：Integrated Circuit：集積回路
＊＊　LSI：Large Scale Integrated Circuit：大規模集積回路

図1.2にサイリスタの平均オン電流と単結晶基板の直径の変遷を示す。高電圧，大電流のパワーデバイスは半導体理論，デバイス設計，製造プロセス，単結晶材料，デバイス評価技術など広い分野の技術を結集した総合技術である。

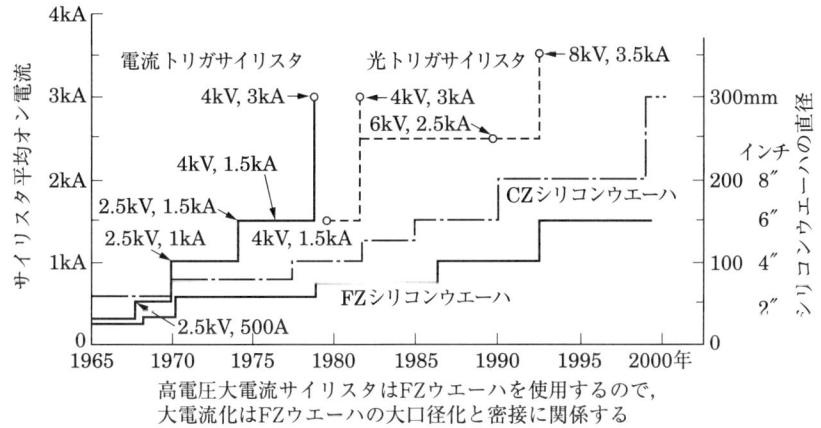

図1.2 パワーデバイスの高電圧，大電流化の歴史

参考文献
(1) C. Weiner「How the transistor emerged」,『IEEE Spectrum』January, 1972, pp.24-33
(2) M. Riosdan「The lost history of the Transistor」,『IEEE Spectrum』May, 2004, pp.44-49
(3) 菊池　誠『日本の半導体40年』中公新書, 1055, 中央公論社, 1992年
(4) Kilby『United State Patent Office』No. 3,138,743, Patented June 23, 1964

問題
1) 半導体デバイスにとって四つの大きな技術的発明は何か。
2) パワーエレクトロニクスとはどのような技術分野か。
3) パワーデバイスが高電圧，大電流化した背景は何か。

ひと休み1

半導体デバイスの基礎を築いた人々

1）点接触トランジスタ発明者：W.Shockley，W.H.Brattain，J.Bardeen[1]

左から John Bardeen（1908-1991），William Shockley（1910-1989）
Walter Brattain（1902-1987），(1948；ベル電話研究所)

図-1.1

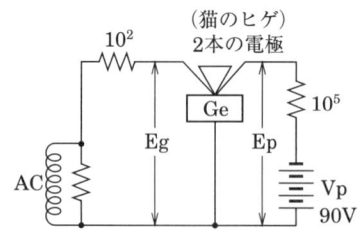

1947年12月24日付で実験ノートに書かれた回路

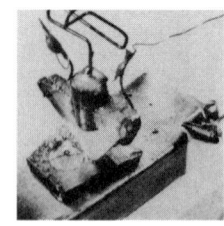

1947年12月に試作した世界最初の
点接触ゲルマニウムトランジスタ

図-1.2

　Shockley（1910-1989）は自説を曲げない強烈な個性の持ち主の物理学者といわれている。第二次大戦後，ベル電話研究所の半導体基礎研究部長になり，半導体の物理的仮説などを研究した。37才（1947年）にベル電話研究所の仲間である Brattain，Bardeen とともに**点接触ゲルマニウムトランジスタ**を動作させた。その後，面接合トランジスタモデルを提唱し，面接合トランジスタの実現を予言した。

　Brattain（1902-1987）は1929年から1967年の定年退職までベル電話研究所で半導体物性の研究を担当した。彼が45才（1947年）のとき，他の二人ととも

に初めて点接触トランジスタを動作させた。

　Bardeen（1908-1991）は大学時代に電気工学，量子論を学び，卒業後固体物理学の研究に没頭した理論物理学者である。1945年にShockleyに誘われてベル電話研究所に入り，他の二人とともに初めて（当時39才）トランジスタを動作させた。彼とBrattainは半導体表面の物理的理論解明を担当した。

　三人は1956年 "for their researches on semiconductors and their discovery of the transistor effect" でノーベル物理学賞を受賞した。Bardeenはその16年後，超伝導理論を確立し，1972年に史上初の同一部門で2度目のノーベル物理学賞を受賞した。

　三人に共通していることは，
（a）三人の内，二人は大学時代にノーベル賞受賞の教授から物理学を学んだ。
（b）三人とも26から28才のとき，専門分野で博士号を取得している。
（c）三人とも人生の活躍期である37から45才に研究成果を上げ，ノーベル賞に結び付いた。

　専門分野，個性が異なる科学者のチームワークが成功したよい例といえる。

2）面接合トランジスタの開発者：G.Teal，M.Sparks[2]

左 Gordon Teal　右 Morgan Sparks

図-1.3

最初の接合形ゲルマニウムトランジスタ

図-1.4

　Shockley，Brattain，Bardeenが発明したトランジスタは点接触であったため非常にデリケートで，量産には適さなかった。ここに着目したTeal（当時テキサス・インスツルメンツ（TI）社のちにベル電話研究所）とSparksは，ゲルマニウム単結晶に特定の元素を添加してp層とn層を形成し，1950年4月にベル電話研究所で初めて「接合面をもったゲルマニウムトランジスタ」を動作させた。

点接触トランジスタの発明から約4年後であった。この接合面の形成技術，および接合面を介しての電子，正孔の挙動に関する物理は現代の半導体デバイスの基礎となった。

3) 集積デバイスの発明者：J.Kilby（1923－2005）[4]

1947年，大学で電気工学（回路設計）の修士号を取得後，1958年にTI社に入社した。1959年に一枚のシリコン基板の上にトランジスタ，抵抗，コンデンサを組み込んだ集積回路（IC）の概念と試作品を発表した。

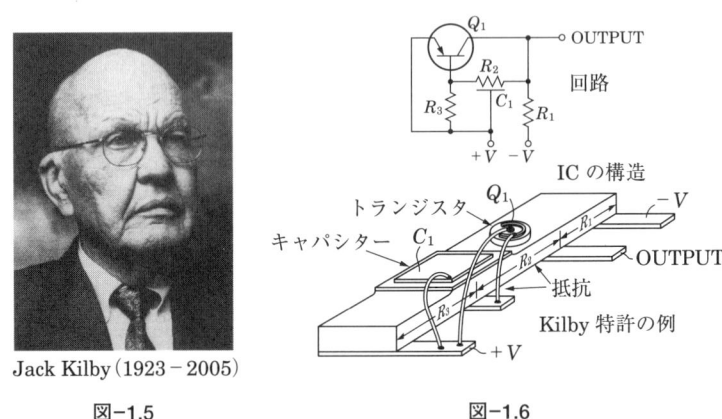

Jack Kilby（1923－2005）
図-1.5

図-1.6

1959年2月，彼は"Minuaturized Electronic Circuits"をアメリカ特許庁に申請し，1964年6月に登録された。これが有名な**Kilby特許**である。試作したICは小さいながら高度の機能と信頼性をもち，安価で消費電力が小さい電子機器が可能となり，業界に大きなインパクトを与えた。TI社はこの特許取得を契機に，冷戦時代は軍事用，民生用ICのトップ・メーカーになった。この発明により1993年に京都賞を受賞し，2000年に"for his part in the investigation of the integrated circuits"でノーベル物理学賞を受賞した。

1947年の点接触トランジスタの発明を契機として，1950年の接合トランジスタ，1956年のサイリスタ，1959年の集積回路，の一連の半導体デバイスの基礎となる発明は，20世紀最大の発明といえる。

参考文献

参考文献は本章末の (1)，(2)，(4) 参照

第2章

パワーエレクトロニクスの基礎知識
― 電力変換，パワーデバイス ―

　パワーデバイスを使用して負荷を所望の目的に制御するには，パワーデバイスとともに電力変換回路が必要である。このため，始めに電力変換とパワーデバイスの基礎的事項を知っておく必要がある。

2.1　電力変換に関する記号，用語，組み合わせ

　パワーデバイスの機能は「半永久的で，電力損失が小さく，高速でオン・オフする電子スイッチ」であって，自身では電気エネルギーの蓄積はできない。パワーデバイスがもつ独自の機能で電力変換を行ない，負荷を制御するためにはパワーデバイスとともに，それを動作させる制御回路，電力変換回路，保護回路，冷却装置が必要であり，これらを収納した装置を電力変換装置という。

名　　　称	図記号	文字記号
チョップ部		Ch
順変換装置		REC
逆変換装置（インバータ）		INV
直流直接変換装置		
直流間接変換装置		
交流直接変換装置		
交流間接変換装置		

〜は交流，―は直流を示す

（a）順・逆変換装置の記号

名　　　称	図記号	文字記号
静電容量またはコンデンサ		C
交流電源		（例）三相50Hz, 200V
直　流　機	電動機 (M) 発電機 (G)	
同　期　機	(単線図用) (MS)電動機 (MS)発電機　または (複線図用)	
誘　導　機	(M)電動機 (G)発電機　(複線図用)	
変　圧　器	P / S	Tr 一次大文字 二次小文字
スイッチ		S

（b）電力機器の記号

図 2.1　電力変換，電力機器に関する記号の例

停電時にも電力を供給する非常用電源(無停電電源装置)では,電力変換装置とともに電気エネルギーを蓄積し供給する蓄電池を併用する。

電力を変換するとき,電源には交流と直流があり,また負荷として交流,または直流を必要とする場合がある。記号として直流を「―」,交流を「～」で表わし,電力変換,電力機器の規約記号の例を図2.1に示す[1]。

図の四角い記号内の斜め線は,左上から右下の記号のように電力が変換されて流れることを示す。変換装置の電源が交流か直流か,負荷が必要とする電力が交流か直流かによって変換方式には図2.2のように4通りがあり,電力変換に基本方式がある。

電源 負荷	交 流	直 流
直流	交流 直流変換(順変換) (整流,コンバータ)	直流直接変換(チョッパ) 直流間接変換(直流-交流-直流)
交流	交流直接変換(サイクロコンバータ) 交流間接変換(交流-直流-交流)	逆変換(直流-交流) ├ 電圧形インバータ ├ 電流型インバータ └ PWMインバータ

図 2.2　電力変換の基本方式

変換装置の電源側が交流の場合は,通常,電力会社の配電系統に接続されるので電圧および周波数の変動はきわめて小さく安定しており,高調波成分は規定値以下である。

変換装置の出力(負荷側)が独立した(電力会社との連系がない)交流の場合,出力の交流電圧と周波数,およびそれらの変動分,力率,交流電圧と電流に含まれる高調波成分は規定値以下にしなければならない。

電力変換装置の電源側が電力会社の送・配電系統に直接に接続される場合,その標準電圧は図2.3のようにJEC-0102(1994)で定められている。

	家庭用	小工場用	ビル,工場用	大工場,大容量設備
標準電圧	100V, 200V	200V, 400V	3.3kV, 6.6kV	11kV, 22kV, 33kV‥

図 2.3　日本の送・配電交流系統の公称電圧標準値

商用配電系統と無関係に電力変換装置で独自に交流電圧を発生・利用する場合があるが，通常は配電系統から直接，または変圧器で降圧，昇圧した交流単相/三相100/200V（家庭用機器），三相200/400V（工作機，情報・金融機器，医用機器など），三相3.3/6.6kV（ビル，工場プラント用電動機），三相55/110kV（直流送電/周波数変換）が電力変換装置の標準的な入力側電圧である。

2.2 パワーデバイスの構造と分類

パワーデバイスは接点のある機械的スイッチと異なり，小さな電流，または電圧，あるいは光による制御信号で，きわめて高速度（マイクロ秒：10^{-6}秒）で大きなオン電流（負荷電流）をオン動作，またはオン・オフ動作できる無騒音，無接点の半永久的な電子スイッチである。

2.2.1 デバイスの構造と転流
1）構造

デバイスの構造として，図2.4のように1枚のシリコン基板の中に，

  接合面が 一つあるデバイス──ダイオード

      二つあるデバイス──トランジスタ

      三つあるデバイス──サイリスタ

のように分類される。

それぞれの層に電極（端子）を付け，それらをアノード（陽極，コレクタ*，またはエミッタ），ゲート（ベース*），カソード（陰極，エミッタ*，またはコレクタ）という。

アノードとカソードに電源および負荷を接続して，ゲートに電流，または電圧あるいは光の信号を与えると，アノードとカソードはオフ状態（絶縁状態）から瞬時にオン状態（導通状態）になる。

オン・オフ動作についてみると，デバイスの構造によってゲート信号を止めるとオフ状態に戻るデバイス（トランジスタ）と，そのままオン状態を持続するデバイス（サイリスタ）がある。

---

 * トランジスタの場合の用語

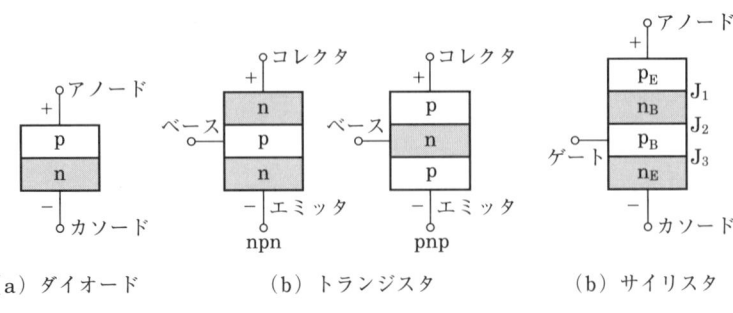

図 2.4 デバイスの基本構造とデバイスの分類

2) サイリスタを使用する際の転流

サイリスタ（GTO*を除く）を電源と負荷の間に接続していったんオンさせると，ゲート信号を止めてもオン状態が持続し，オフ状態にならない。このため，なんらかの方法でオフ状態にしなければならない。オン電流を消滅，あるいは他のサイリスタに移す（転流）必要があり，次の用語と方法がある。

(1) 電源転流　二つのサイリスタのカソードを共通とし，アノードの電圧が低いサイリスタから高いサイリスタに電流を移す方法。

(2) 消流　負荷電流が小さくなって，サイリスタの保持電流以下になるとオン状態を維持できずにオフ状態になる現象。

　また，アノードの電圧よりもカソードの電圧が高くなるとオン状態を維持できず，オン電流が消滅する現象。

(3) 負荷転流　二つのサイリスタのカソードが共通で，アノードの電圧が異なる場合，カソードの電圧がアノードの電圧より高くなった方のサイリスタの電流は消滅し，その電流が他方のサイリスタに移る現象。

(4) インパルス転流　サイリスタが通電中に，そのオン電流（瞬時値）以上のパルス状の電流を別電源からオン電流とは逆向きに流して，その電流を強制的に消流（ゼロ）させるか他のサイリスタに電流を移す方法。

(5) デバイス転流　制御信号でオン・オフする機能をもつゲートターンオフサイリスタ（GTO）を使用する方法。

＊　ゲートターンオフサイリスタ

転流方式はサイリスタを使用する変換回路にとって重要であり，上述した転流方式の分類を**図**2.5に示す。

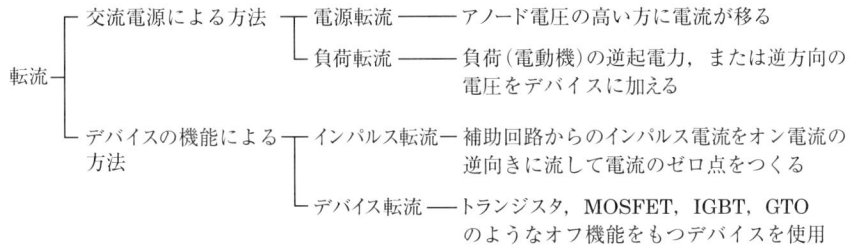

図 2.5 転流方式の分類

2.2.2 デバイスの分類
1）ダイオード
図2.4（a）のように1枚のシリコンウエーハに一つのpn接合があるダイオードは，アノードがカソードに対して正電圧のとき導通状態となって電源と負荷で定まるオン電流が流れ，逆（負）電圧のときはきわめて小さい電流が流れる絶縁状態となる。

pとはシリコン単結晶で正孔を過剰に形成した層で，nとは電子を過剰に形成した層をいう。このように二端子の構造で，一方向のみオン電流を流す機能を**整流作用**といい，この特性をもつデバイスをダイオードという。

2）トランジスタ
図2.4（b）のように，シリコンウエーハに二つの接合があるnpn（またはpnp）の三層構造で，中央のp層（またはn層）に制御信号を入れるベース（またはゲート）端子を付けた三端子構造は，信号によってオン・オフ動作するトランジスタとなる。その種類には下記がある。

（1）バイポーラトランジスタ　　信号としてベース電流の「あり」・「なし」による電子と正孔の挙動でオン・オフ動作するデバイスを**バイポーラトランジスタ**という。

（2）MOSFET　　信号としてゲート－ソース間に加える「正」と「負」の電圧でオン・オフ動作するトランジスタを**MOSFET**（Metal Oxide Silicon Field

Effect Transistor：金属被膜電界効果トランジスタ）という。
(3) IGBT　バイポーラトランジスタとMOSFETを組み合わせた構造のIGBT（Insulated Gate Bipolar Transistor：絶縁ゲートバイポーラトランジスタ）は「正」と「負」の電圧でオン・オフ動作する。

3）サイリスタ

(1) 電流トリガサイリスタ　図2.4(c)のように三つの接合があるpnpnの4層構造で，p_B層にゲート端子を付けるとサイリスタとなる。この構造はpnpトランジスタとnpnトランジスタを組み合わせたのと等価であるため，ゲート電流を流すとオン状態となり，その後ゲート電流を停止してもオン状態を持続する特性を示す。これを通常の（電流トリガ）サイリスタという。

(2) 光トリガサイリスタ　ゲート電流の代りにp_B層に光に感度のよい部分を形成した構造にする。この部分に光を照射するとオン状態となる**光トリガサイリスタ**（Light-Trigger Thyristor）になる。この光トリガサイリスタも通常のサイリスタと同様に，オン状態を持続する特性があり，オフ状態にするためには電流トリガサイリスタと同様，2.2.1の2）の転流方法が必要である。

(3) ゲートターンオフサイリスタ　同じ4層構造でも，各層の電子，正孔の濃度をある特定の条件にすると，正のゲート電流でオン状態となり，負のゲート電流でオフ状態になる特性をもつ**ゲートターンオフサイリスタ**（Gate-Turn-Off Thyristor：GTO）となる。

　上述した各種のデバイスの名称と記号，およびゲート／ベース信号波形とオフ，および逆阻止電圧，オン電流波形を図2.6に示す。

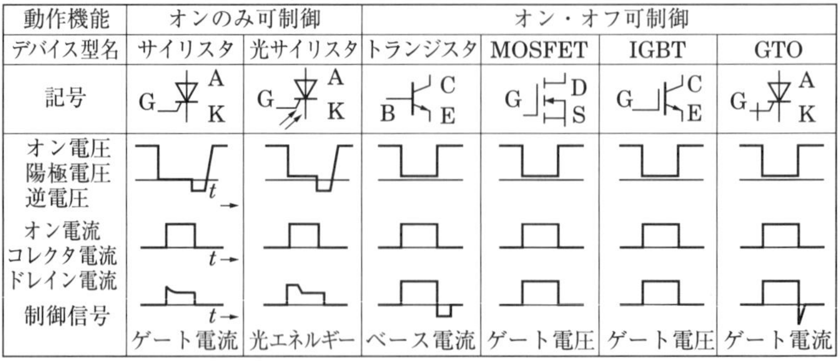

動作機能	オンのみ可制御		オン・オフ可制御			
デバイス型名	サイリスタ	光サイリスタ	トランジスタ	MOSFET	IGBT	GTO
記号	G─▷│─A/K	G─▷│─A/K	C/B E	D/G S	C/G E	A/G K
オン電圧 陽極電圧 逆電圧						
オン電流 コレクタ電流 ドレイン電流						
制御信号	ゲート電流	光エネルギー	ベース電流	ゲート電圧	ゲート電圧	ゲート電流

図 2.6　パワーデバイスのゲート電流，ベース電圧波形とオン・オフ波形

2.2.3 デバイスの定格，特性と動作を表わす用語，記号

変換装置を設計する場合，デバイスの定格，特性を表わす用語と記号を知っておかなければならない。

1) デバイスの定格

デバイスの定格とは，「デバイスが所定の機能を発揮するため，電気的，熱的および使用条件について製作者が指定した値」で，それぞれのデバイスの型名に表示されている。いかなる場合でも，この定格値を超えて使用するとそのデバイスは劣化，または破壊することを意味する。

2) デバイスの特性

デバイスにとって重要な特性は**静特性**とオン・オフを示す**動特性**である。

(1) 静特性 オフ状態の特性を示すため横軸を電圧，縦軸を電流とし，オフおよびオン状態での電圧，電流を図と用語，記号の数値で表わす。

(2) 動特性 オフ・オン・オフの時間変化の特性を示すため，横軸を時間，縦軸をオフ電圧，オン電流として，電圧，電流の時間的変化を図と用語，記号の数値で表わす。

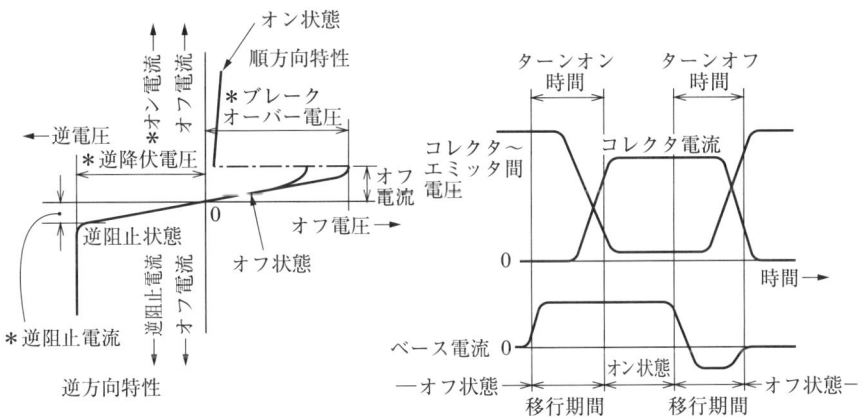

(a) 静特性（電圧・電流特性）（サイリスタ）　　(b) 動特性（オン・オフ特性）（トランジスタ）

図 2.7　デバイスの静特性と動特性の例

各デバイスの型名についての特性表には記号とその数値が表示されているので，変換装置を設計する場合，特性表の記号と数値からデバイスの型名を選択し，

使用する。図2.7にデバイスの静特性と動特性の例を示す。とくに，＊印の定格値は重要であり，いかなる場合もこの定格値を超えて使用してはならない。

2.3 半導体の性質と電子，正孔の挙動

パワーデバイスを理解するためには，シリコン単結晶内の電子，正孔の挙動，シリコン単結晶，パワーデバイスの製法などを知っておく必要がある。

2.3.1 真性半導体

半導体とは電気的良導体である金属と絶縁体との中間に存在する抵抗率（比抵抗）約$0.01 \sim 10^4 \Omega \cdot cm$の物質をいい，その代表的なパワーデバイス用材料はシリコン（Si），ゲルマニウム（Ge）である。

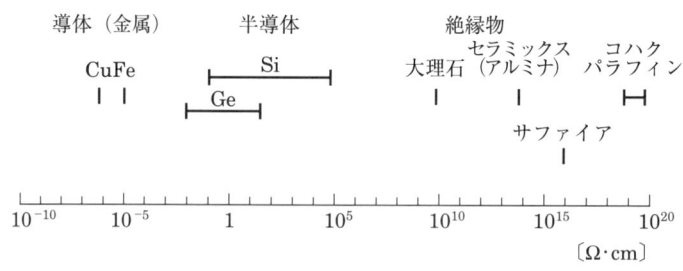

図2.8 金属−半導体−絶縁体の領域の説明

4価の元素であるシリコンは珪石の形で地球上に豊富に存在するが，高度の高純度化技術を経て精製された不純物のきわめて少ないシリコン単結晶はその物理的特性，経済的優位性，プロセス技術からパワーデバイスの基本材料である。

不純物が限りなく少ないか，または含まない半導体材料を**真性半導体**という。図2.8でSi，Geの抵抗率に幅があるのは，Si，Geの真性半導体単結晶に添加元素の濃度を変えてp形，またはn形の単結晶にすることによる。

元素は原子で構成されている。原子は原子核とその周囲を回わっているいくつかの電子から成り立っている。この電子は定められたエネルギーの状態に対応したそれぞれの軌道を回わっており，かつ，この軌道に入り得る電子の数はきまっ

ている。多数の電子がある場合は，原子核に近い軌道に所定の個数の電子が満たされ，順次外側の軌道に電子が収まった状態で物質を形成している。

シリコンの原子は14個の電子をもち，その原子構造は立体的であるが，平面化したモデルを図2.9に示す。

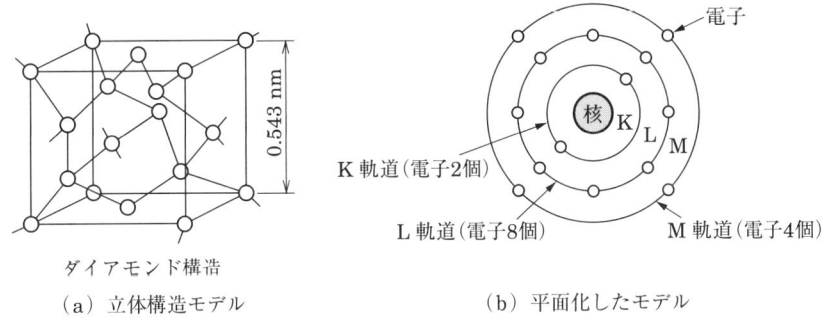

図 2.9　シリコンの原子構造のモデル

図のように，シリコン原子の14個の電子は，原子核に近いK軌道に2個，L軌道に8個，そして外側のM軌道には8個まで入り得るのに4個しかない。このK軌道，L軌道にある10個の電子は原子核から強い束縛を受けているので，ある程度のエネルギーが加わらないと，これらの軌道の電子はこの束縛から離れられない。

しかし，M軌道の4個の電子は他の軌道にくらべて強い束縛を受けていないので，他の電子をM軌道に引き込んで結合したり，エネルギーを得て軌道から飛び出して自由に動く電子となって電気伝導に寄与する。M軌道には電子4個分の空席があるので，他の原子からそれぞれ1個の電子を引き込んで空席を埋め，たがいに結合して安定状態となる。これを**共有結合**という。

図2.10(a)では，不純物がなく，共有結合によってシリコン原子が立体的に広く結ばれて安定した構造の真性シリコン単結晶を形成している。真性シリコン単結晶では，この共有結合の電子は比較的に弱いエネルギー(1.1 eV)によって拘束されているので，これを超えるエネルギー，たとえば熱，光，電界が外部から与えられると，電子のいくつかは結合の束縛から離れて自由に動く**自由電子**となる。電子は負の電荷をもっているので，電子が抜けたあとの原子は正の電荷をもつ**正孔**となる。M軌道の正孔の傍に自由電子がくるとクーロン力の作用で

電子は正孔に引き込まれて結合し、電荷は消滅する。これを**再結合**という。

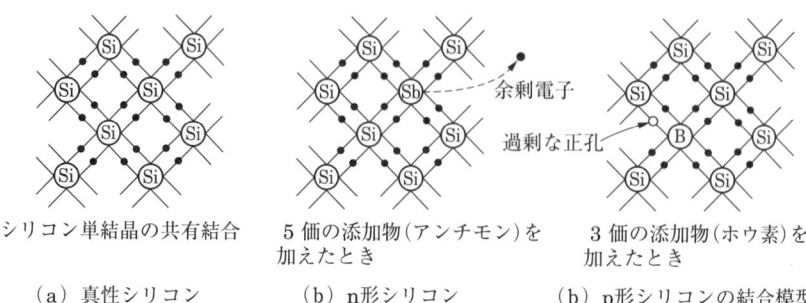

(a) 真性シリコン　　(b) n形シリコン　　(b) p形シリコンの結合模型

図 2.10　真性シリコンと添加物シリコンの結合模型

2.3.2 添加物シリコン単結晶

不純物を（実質的に）含まない真性半導体に微量の元素を人工的に添加（ドーピング）した半導体を**添加物半導体**という。パワーデバイスを製造するため、真性シリコンに次に述べる5価、または3価の元素を添加したn形、またはp形シリコン単結晶を出発材料として用いる。

1) n形シリコン単結晶

4価の元素である**図2.10**(a)の真性シリコンに5価（1番外側の軌道に5個の電子をもつ）の元素（ドナー）であるリン(P)、あるいはアンチモン(Sb)を微量添加し、シリコンを溶解して単結晶をつくると、シリコンのM軌道の四つの空席はすべて5価の元素の電子で埋まり、さらに1個の余剰電子が生じる。この余剰電子に対する原子核の拘束力はきわめて弱いので、外部からの電界により結晶内で容易に動きまわり、電気伝導に寄与する自由電子になる。

5価の元素を添加したシリコン単結晶は、過剰な自由電子（negative：負の電荷）があるので同図(b)の**n形**（過剰の電子がある）**シリコン**となる。

2) p形シリコン単結晶

4価の元素である真性シリコンに3価（1番外側の軌道に3個の電子をもつ）の元素（アクセプタ）であるガリウム(Ga)、あるいは硼素(B)を微量添加し、シリコンを溶解して単結晶をつくると、シリコンのM軌道の四つの空席のうち三つしか埋まらず、原子は空席が一つ余った正の電荷をもつ正孔となる。この正孔

をもつ単結晶は，外部からの電界によりこの空席が移動して電気伝導に寄与する。3価の元素を添加したシリコン単結晶は過剰な正孔（positive：正の電荷）をもっているので同図(c)の**p形**（過剰の正孔がある）**シリコン**となる。

　n形，またはp形シリコン単結晶内部の電気伝導は電子，および正孔の移動によって行なわれる。電流は電界の高い方から低い方向に流れる。電子は負の電荷をもっているので電界の高い＋側に流れ，正孔は正の電荷をもっているので電界の低い－側に流れる。すなわち，電子と正孔の流れる方向は逆であり，電流は「電子の流れと正孔の流れの和」である。電流，すなわち「過剰の自由電子と正孔」（**過剰キャリア**という）の移動は下記による。

(1) 電界による移動　　電界による電子の移動は，電子の移動度と自由電子密度の関数による。正孔の移動は正孔の密度と移動度，電界拡散定数による。

(2) 密度差による移動　　電子密度，および正孔密度の高い方から低い方にそれぞれの拡散定数に従って移動し，やがてはそれらの密度は均一になる。

(3) 再結合による移動　　過剰の自由電子と正孔は結合し，電子・正孔の対は再結合によりキャリアライフタイムにより指数関数的に減衰し，消滅する。

　サイリスタやトランジスタのターンオン動作は主として「電界によるキャリアの増殖と移動」が，ターンオフ時には主として「電界，および再結合によるキャリアの消滅」に依存している。

　n形あるいはp形のシリコン単結晶の円板の表面に5価，あるは3価の元素を熱拡散法，または気相成長法の製造技術でn層，あるいはp層を形成させて接合面（pnまたはnp接合という）を形成させる。それぞれの層に電極を付けて，その「接合面を通って電子，正孔が流れるようにした構造」がパワーデバイスの基本構造である。その構造とは，

　(a) シリコンウエーハ（単結晶の板）にp層，n層の接合面が一つ，または複数形成されていて，各層に過剰キャリアがあること。

　(b) ウエーハについて，pおよびn層を形成する層の添加元素の濃度，すなわち電子密度，正孔密度とその層の厚さが制御できていること。

　(c) pn接合を通過するキャリア量により電気伝導度が変化すること。

　(d) p層，n層に電極端子を付けるためにアルミニウムなどの薄い導電性の層が形成できていることである。

パワーデバイスを製造プロセスに入れる際，シリコンウエーハの比抵抗の値が重要である。この比抵抗はFZ法，またはCZ法で単結晶を製造するときに添加する元素（アンチモン，またはホウ素）の量に依存する。添加する元素の量を増すほど比抵抗値は低くなり，その記号としてn^+，またはp^+で表わす。このn^+，およびp^+層の表面に蒸着法で薄いアルミ層を付け，その層にアルミ線を超音波でボンデング（溶接）して電極端子とする。本書では，接合をもたずに製造工程に入れる前のn形，あるいはp形のシリコン単結晶の円板を**ウエーハ**とよび，製造工程を経てそのウエーハにp層，あるいはn層の接合を形成して，デバイスとしての機能をもったシリコンウエーハを**エレメント**とよぶことにする。

最近のパワーデバイスは一つのエレメントに複雑で多数の接合をもった構造になっているが，オン電流が流れる経路の構造を見ると，**図2.4**のように分類でき，接合の数によってパワーデバイスの機能が決まる。すなわち，オン電流の経路の接合が，一つのときはダイオード（整流作用のみ），二つのときはトランジスタ（オン・オフ動作），三つのときはサイリスタ（オン動作のみ，またはオン・オフ動作）となる。

2.4　シリコン単結晶，シリコンウエーハ，パワーデバイスの製法

前項ではパワーデバイスの種類，シリコン単結晶の物性について説明した。この項では，パワーデバイスの基本材料であるシリコン単結晶，およびパワーデバイスをどうやってつくるか，を説明する。最近ではシリコンカーバイド（SiC），ガリウムひ素（GaAs）が使用され始めているが，経済性からシリコン単結晶は当分変わらないであろう。

パワーデバイスの諸特性はシリコンウエーハの品質に大きく依存するので，デバイス製造プロセスに投入するまでのシリコン単結晶，およびウエーハの製造者は最新の技術でウエーハの品質を維持・向上し，品質管理に努めている。

LSIでは，ウエーハの表面に微細なデバイスと回路を形成するため，表面に近い層の結晶とウエーハの品質が重要である。パワーデバイスでは，ウエーハの表面のみならず厚み方向に複数の接合面を形成して電流の通路とするので表面，および厚み方向の結晶の品質が重要である。

2.4.1 地中の珪石から高純度シリコン単結晶へ ―高純度化技術―
1) 高純度シリコン多結晶の製造プロセス

シリコン単結晶の出発原料は地中から採掘される天然の珪石（SiO_2）である。この珪石は多くの不純物を含んでいるので，このような珪石からシリコン（Si）のみを取り出し，真性シリコンにする高純度化技術が必要である。

まず，採掘した珪石に炭材を加えて大量の電力を使って金属シリコンを製造する。その金属シリコンに塩酸を加えて3塩化シリコン（$SiHCl_3$）ガスをつくる。そのガスを大きな気密タンクに導き，タンク内の高温加熱した高純度の細いシリコン棒に時間をかけてゆっくり堆積させる。堆積させた太い棒が高純度シリコン多結晶のロッドで，シリコン単結晶にする直前の原料となる。

シリコンをガス化することと不純物のない気密のタンク内で堆積させるのでシリコンは格段に高純度化（純度10ナイン以上）され，多結晶の真性シリコンとなる。この多結晶の状態ではシリコン原子の共有結合が途中で切れているので，このままではパワーデバイス用のシリコンウエーハとして使えない。

2) 多結晶からシリコン単結晶へ ― 単結晶化技術 ―

多結晶を単結晶にするには**FZ**（Floating Zone）**法**と**CZ**（Czochralski）**法**がある。

(1) FZ法

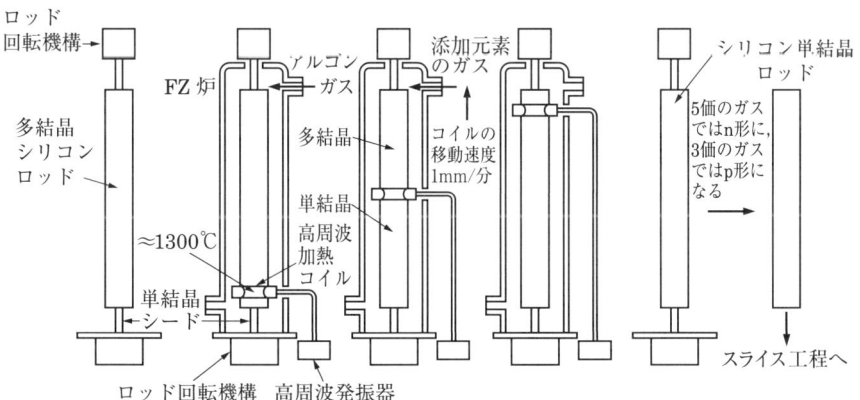

図 2.11　FZ法によるシリコンの単結晶化

図2.11のように，多結晶シリコンのロッドの下部にシリコン単結晶の棒（シード）を付けてFZ炉に入れ，炉内を高純度の不活性アルゴンガスに置換する。その後，高周波加熱コイルで下部のシードの部分を単結晶化温度（約1300℃）まで加熱し，ロッドを回転させながらゆっくりコイルを上に向かって移動させる。この工程により下部から上に向かって高純度ガスの雰囲気でロッドの単結晶化が進み，ロッド全体が高抵抗の高純度（真性）シリコン単結晶となる。炉内のガスの種類と濃度により単結晶をn形，p形，およびその濃度を制御する。

(2) CZ法

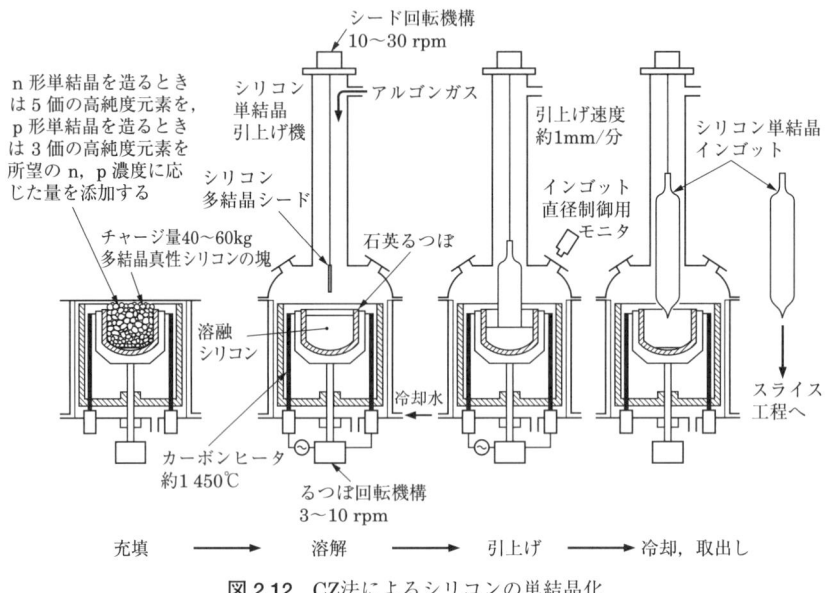

図2.12　CZ法によるシリコンの単結晶化

図2.12のように，単結晶引上げ機の中の高純度石英るつぼに砕いた高純度多結晶真性シリコンを充填したのち，蓋を閉じて内部をアルゴンガスに置換する。それからカーボンヒータに通電して約1450℃に加熱して多結晶を溶解する。上から吊した単結晶のシードを溶けたシリコンの表面に接触させ，その表面が単結晶に成長し始めたらシードを回転しながらゆっくりインゴットを引き上げる。るつぼの中の溶けたシリコンの大部分が引き上げられて棒状のインゴットになると引上げ機を止め，冷却後そのインゴットを取り出す。

単結晶インゴットの直径はシードとるつぼの回転数，シードの引上げ速度できまる。1回の充填で取れる単結晶のインゴットは約50 kgあるいはそれ以上で，直径は約300 mm，あるいはそれ以上は可能である。多結晶真性シリコンをるつぼに充填する際，高純度の5価（アンチモン）の元素の粉末を微量入れればインゴットはn形に，3価（ほう素）の元素の粉末を微量入れればp形になり，n形，p形の濃度は入れる量できまる。

CZ法では比較的容易に大口径の単結晶インゴットができるが，石英るつぼの中の酸素が単結晶に微量に溶け込むので，インゴットに含まれる酸素濃度を低くできない。このため，中・低圧用パワーデバイス，およびLSIに適しており，直径約200から300 mmのウエーハが製造されている。CZ法によるインゴットの大口径化は1枚のウエーハから得るデバイス（たとえば，MOSFET，IGBT）の数が増すので，デバイスの低価格化が可能となる。

FZ法によるシリコン単結晶は抵抗率を高くできるので，高電圧用パワーデバイス（たとえば，高電圧・大電流の光トリガサイリスタ）に適しており，直径約150 mmまでのウエーハが可能である。

2.4.2　単結晶ロッド／インゴットからウエーハへ

FZ法によるロッド，あるいはCZ法によるインゴットからパワーデバイス用ウエーハにする工程は同じである。図2.13に大口径化の歴史を示す。

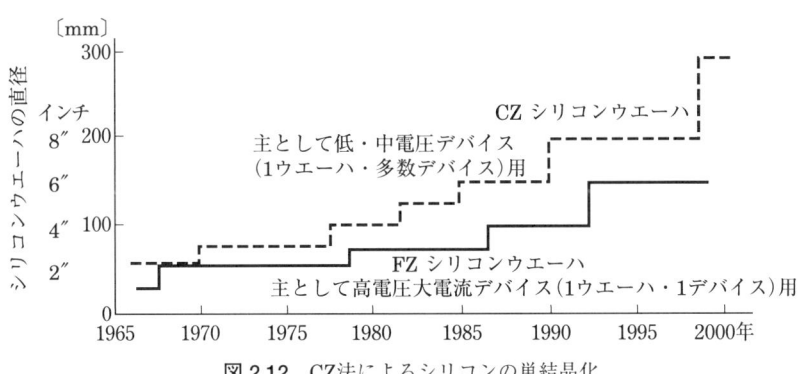

図2.12　CZ法によるシリコンの単結晶化

FZ法，またはCZ法による単結晶シリコンのロッド，またはインゴットからウエーハ化する工程は同じで，**図2.14**に要点を示す。

結晶方位の測定……X線測定器で方位を測定し，印をつける
スライス……………内周刃のブレードを高速回転させ，仕上がりウエーハ厚さの約2倍の厚さでロッドを輪切りにして粗ウエーハを取る
ラップ………………粗ウエーハ表面に残るブレードによる破砕層を回転定盤に挟んでラップ油とともに研磨して取り除く
ベベル………………ウエーハ外周部の端部を研磨して所定の丸みをつける
ケミカルポリッシュ…薬液によるエッチングで，さらに細かい破砕層をウエーハ両面から取り除く
ポリッシュ…………研磨定盤と研磨液により両面を磨く
ミラーポリッシュ…バフにてウエーハの片面または両面を鏡面研磨する．数次の研磨工程によりウエーハ表面のキズ，反りを取り除き，ウエーハ厚が所定の厚さと平坦度になるようにする
ウエーハ特性測定…自動測定器による抵抗率，厚さ，反りを測定し，合否を判定する
洗　　浄……………特殊な薬液に浸け，超音波で入念に洗浄する
目視検査……………暗室でウエーハ表面にスポットライトを当て，肉眼で表面のキズ等をチェックし，最終の合否を判定する
出荷・保管…………ウエーハを特殊な容器に密封し，デバイスプロセスに投入する直前まで清浄な状態で保管する

スライシング

一次ポリッシュ

目視による最終品質検査

図 2.14　単結晶シリコンロッド／インゴットからウエーハ化の工程

2.4.3　パワーデバイスの製造工程

　所定のn形，p形の濃度，抵抗率，表面のキズの有無などの品質検査に合格したシリコンウエーハを**図2.15**の製造プロセスに入れ，デバイスを製造する。

2.4 シリコン単結晶，シリコンウエーハ，パワーデバイスの製法

デバイスプロセス

- n形，FZ，高抵抗率ND*，鏡面研磨シリコンウエーハ
  *ND：ニュートロン照射したウエーハ

↓ 拡散工程

- イオン注入によるp層の形成

↓ リソグラフィー工程（紫外線照射）

- パターン付きガラスマスク
- レジスト（感光膜）
- 酸化膜

↓ pnpn層の形成

- メサ形エミッタ形成のための選択エッチング，n層形成によるpnpnの4層の形成
- ゲート～カソード短絡防止用絶縁膜，金属電極膜
- 選択エッチング，選択拡散による陽極側接合の短絡，電極形成
- ベベリング
- 保護用シリコンゴム

↓ デバイスエレメント完成

↓ パッケージ工程

- ゲート電極圧接ブロック，陰極側銅円板，ゲートリード，ゲート端子
- モリブデン円板（陰極電極圧接および熱伝導用）
- 絶縁がいし
- モリブデン円板（陽極用）
- 陽極側銅円板
- 内部に絶縁性ガスを封入後溶接
- 陰極
- 冷却フィン
- ゲート
- 気密溶接
- 陽極
- 冷却フィン

↓ デバイス完成
　各種特性試験後出荷

（高電圧大電流ゲートターンオフサイリスタ）

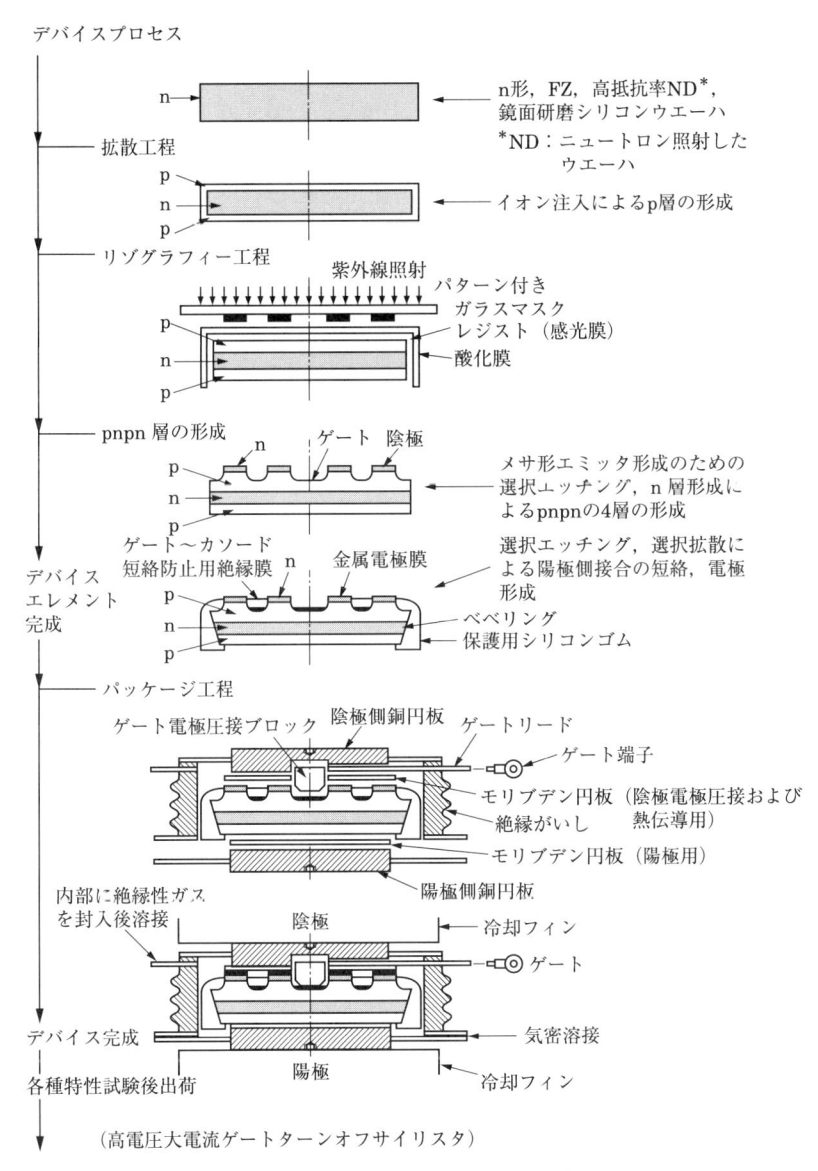

図 2.15 デバイスの製造工程（要点）

1）接合面の形成

　トランジスタではnpn，またはpnpの3層，サイリスタではpnpnの4層が基本

構造であるため，n形あるいはp形のウエーハの表面に次の方法でp形あるいはn形の層をつくり，接合面を形成する。

(1) 添加元素の加熱拡散　拡散炉用の高純度石英管にウエーハと添加元素（n形ウエーハには3価の元素，p形ウエーハには5価の元素）を入れ，炉の温度を設定（たとえば，約1000℃）して所定の時間加熱する。蒸気化した添加元素がウエーハ内に浸透・拡散し，n形あるいはp形ウエーハの表面に添加元素のp層あるいはn層を形成して接合面をつくる。添加元素の層の厚さとその濃度はその元素の拡散係数と添加量，炉の温度と時間で定まる。この方法は比較的厚い層を形成するのに適している。

(2) イオン注入　ガス状にした添加元素を真空容器内でイオン化し，磁場により元素を分離したのち電界で加速してウエーハに衝突させて注入し，接合面をつくる。この方法は層の濃度と厚さを精密に制御できる利点がある。

(3) 気相（エピタキシャル）成長　真空の気相成長炉内にウエーハを並べて加熱（たとえば，約1150℃）し，還元ガスとして4塩化ケイ素($SiCl_4$)ガスとジボラン(B_2H_6)ガスを混合して炉内に注入してウエーハ表面に気相成長させるとp層が，あるいはホスフィン(PH_3)ガスを混合して気相成長させるとn層が形成して接合面をつくる。気相成長層の厚さ，p層，n層の濃度は混合ガスの種類と濃度，温度と時間で定まる。この方法は接合面が均一に形成される利点があり，比較的薄く，かつ精度の高い層の形成に適している。この気相成長法はMOSFET，IGBTなどの微細で高精度の接合面の形成に重要なプロセス技術である。

2) リソグラフィー工程（微細パターンの形成）

例えばGTOのゲートと陰極，バイポーラトランジスタのベースとエミッタ，MOSFETのゲートとソース，IGBTのゲートとエミッタには微細な線幅（たとえば，1μm以下）と深さのp層，n層，および接合が必要である。

この微細なパターンを形成するため，LSIの製造に開発された光露光（Photo Lithography：リソグラフィー（写真蝕刻））技術を応用する。光露光技術とは，まず透明で平滑な石英ガラスにクロム系の薄膜を付け，その薄膜に所望のパターンを書いたマスクを用意する。一方，ウエーハ表面のp層，またはn層にそのパターンを形成するため，紫外線に感度の高い高分子感光溶液を均質に塗布した膜

を用意しておく．マスクと感光膜を塗ったウエーハを重ね合わせたのち，マスクに水銀ランプの紫外線を照射してマスクのパターンを感光膜に露光し，感光部分（あるいは光が当たらない部分）の膜質を変質させる．照射後，そのウエーハを現像液に浸し，不要の膜部分を洗浄して電極パターンどおりの膜をウエーハ面上に残す．次に，膜の付いたウエーハを弗酸でエッチング（蝕刻）してウエーハ表面に溝を加工する．この後，拡散炉やエピタキシャル炉に入れてパターンどおりのp層，またはn層を形成してベース，ゲート，またはエミッタ電極をつくる．現在のパターンの線幅は，IGBTでは$1\mu m$以下，MOSFETでは$0.5\mu m$以下で，将来はさらにLSIの技術を応用して微細化が進む．

3) ベベル加工

デバイスを動作させるとき，p層，n層の接合にはオフ電圧，あるいは逆電圧が空乏層に加わり，エレメントの接合部の電界強度はきわめて大きくなる．デバイスの耐電圧性能は接合面よりもエレメント端面の露出部のほうが低い．このため，デバイスに過電圧が加わるとこの端面が放電し，接合が破壊する．露出部での放電を防ぐため，露出している接合部の電界を和らげるベベル形状に加工する．加工した後，その端面を保護するため絶縁性シリコンゴムを塗布する．

(a) 1ウエーハ多数デバイス　　(b) 1ウエーハ1デバイス
　　（IGBT）　　　　　　　　　　（光トリガサイリスタ）

図 2.16 製造工程を終えたパワーデバイスの例（ウエーハ径 150mm）

図2.16にデバイスエレメントの製造工程を終えたデバイスのゲート，ベースのパターンの例を示す．

4) パッケージング

パッケージングとは，所定の条件で各種の特性を測定し，合格したデバイスエ

レメントをセラミック，または樹脂の容器に気密封入する工程である。

容器の形状はデバイスの定格電圧，電流によって多種類あるが，放熱用金属板および電極端子があり，デバイスを外気の湿度から保護するために容器の中に乾燥空気，または絶縁性ガスを封入してある。

最近では，多数のデバイスと回路を一体化して樹脂でモールドしたモジュール型のユニットが販売されている。モジュール型は装置の組み立て，保守が容易となる特徴がある。図2.17に各種デバイスの外形の例を示す。

平形電流トリガ
サイリスタの例

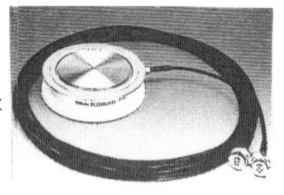

光トリガサイリスタと
光ファイバー

パワーモジュール
の例

図 2.17　パワーデバイスの外形の例

5) パワーモジュール

パワーデバイスの形状は，オン・オフする電力，および製造プロセスと価格から大別して高耐圧・大電流を扱う大容量の「1ウエーハ・1デバイス」と，中・小容量の「1ウエーハ・多数デバイス」となる。たとえば，後者では1枚の直径

150mmウエーハから，超LSIの高精細加工技術を駆使して，中・小容量のMOSFETまたはIGBTを数10個から数100個を製造する。

大口径のウエーハほど1枚のウエーハから多数のデバイスが取れるので1個あたりのデバイスの価格は安くなる。このため市場ではより大口径のウエーハの需要が強い。

このように大量生産されたデバイスを個別に樹脂モールドして市販する場合もあるが，数個のデバイスで電力変換回路（たとえば，交流－直流変換，直流－交流変換）を構成し，それを樹脂でモールドした**パワーモジュール**がある。換言すればパワーモジュールは「パワーデバイスを集積化して特定の機能をもったユニット」である。**図2.18**にパワーモジュールの内部構造と内部の回路の例を示す。

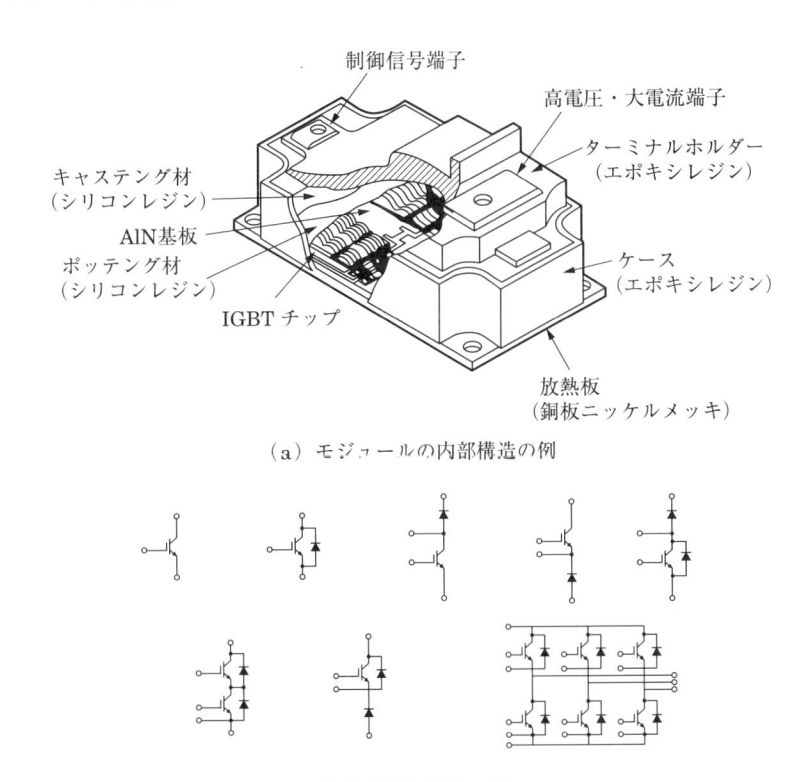

（a）モジュールの内部構造の例

（b）内部の回路の例

図 2.18　パワーモジュールの内部構造と内部の回路の例

同図(a)で，パワーモジュールの下面に放熱板があり，その上にセラミック板（アルミナ（Al_2O_3）板または熱伝導のよい窒化アルミニウム（AlN）板）を接着してある。セラミック板を使用するのはデバイス間，配線間を絶縁するためである。セラミック板の表面には回路配線とデバイスエレメントを付け，デバイスと回路はアルミ線で接続してある。電源およびデバイスの入・出力端子，制御端子はモジュールの上面に付けてある。

モジュールの特徴は，
（1）デバイスを含めて回路全体が樹脂でモールドされているので耐湿性が高く，機能の長期信頼性が得られる。
（2）下面が熱放散面，上面が端子の取り付け面なので，ユニットの取り付け，交換，変更が簡単であり，保守，点検が容易である。
（3）多種・多様の機能をもつパワーモジュールが市販されているので，変換装置の設計，製造の自由度が大きい。
（4）モジュールを多数並列に接続すれば，変換電力の増加は容易。

である。最近では，1枚のウエーハにパワーデバイスとともに，その制御用デバイスとその回路も含めて一体化したインテリジェント・パワー・ユニット（IPU）がある。

問題

1) パワーデバイス（トランジスタ，サイリスタ）をオン・オフ動作させるにはどのような信号源が必要か。
2) MOSFET，IGBTが広く使用されている理由は何か。
3) 地中から採掘する珪石から半導体用シリコンにするための高純度化技術の重要な点は何か。

ひと休み 2

地中の珪石から高純度ポリシリコンへ

　2.4.1の1)で述べた地中から採掘した珪石を高純度化する工程を図で示すと**図-2.1**のようになる。掘り出した珪石に炭材を加えてアーク炉で溶解して金属シリコンを製造する。この工程は膨大な電力を消費するので，電気料金が高い国内ではなく，メキシコ，ロシアなどから高純度金属シリコンを輸入している。

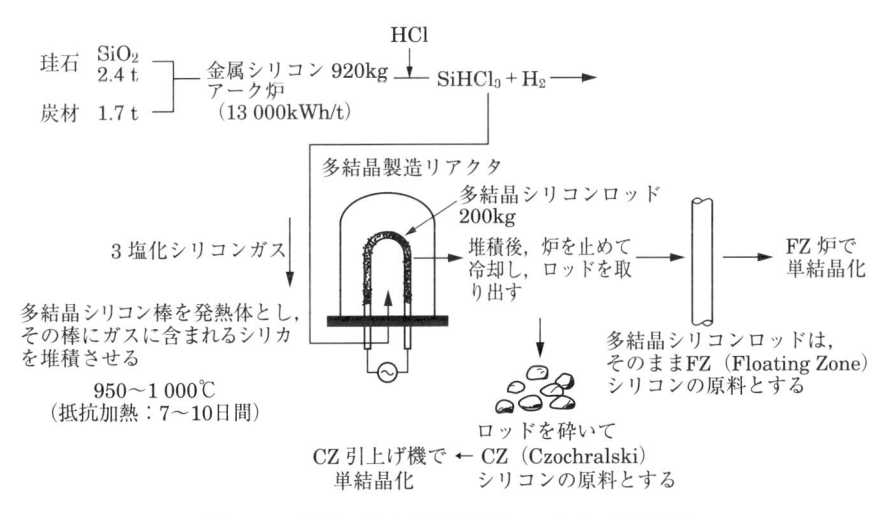

珪石 SiO_2 2.4 t
炭材 1.7 t
→ 金属シリコン 920kg アーク炉 （13 000kWh/t）
HCl ↓
→ $SiHCl_3 + H_2$ →

多結晶製造リアクタ
多結晶シリコンロッド 200kg
3塩化シリコンガス
多結晶シリコン棒を発熱体とし，その棒にガスに含まれるシリカを堆積させる
950〜1 000℃（抵抗加熱：7〜10日間）

堆積後，炉を止めて冷却し，ロッドを取り出す

→ FZ炉で単結晶化
多結晶シリコンロッドは，そのままFZ（Floating Zone）シリコンの原料とする

ロッドを砕いて
CZ引上げ機で単結晶化 ← CZ（Czochralski）シリコンの原料とする

図-2.1　天然珪石から多結晶シリコンまでの製造工程

　国内の多結晶シリコンメーカーは，この金属シリコンを輸入して同図の高純度化工程を経た高純度多結晶真性シリコンをシリコンウエーハメーカーに供給している。日本のシリコンウエーハメーカーは，国内産の多結晶シリコンのほか，外国から多結晶シリコンも輸入して，FZ法およびCZ法によりシリコン単結晶を製造してウエーハに加工し，デバイスメーカーに供給している。
　世界のおもな生産国を見ると，
　(a) 多結晶シリコンは日本がトップで，ドイツが続く。
　(b) シリコンウエーハは日本がトップで，世界の約75％を占めている。

(c) 半導体デバイスはトップが米国で，日本，韓国が続く．

このように，日本は世界の半導体産業をリードしており，品質，供給，技術開発に大きな責務を負っている．

シリコンウエーハの直径をみると，現在ではCZ法による300 mmが全生産の約50％を占め，200 mmが約30％，残りが150 mm以下になっている．大口径（300 mm）シリコンウエーハの生産割合が年ごとに増加している．

シリコン多結晶ポリシリコンとCZ法によるシリコン単結晶引上げ行程

CZ法によるシリコン単結晶引上機内の石英るつぼに充填した砕いた高純度多結晶（ポリ）シリコン

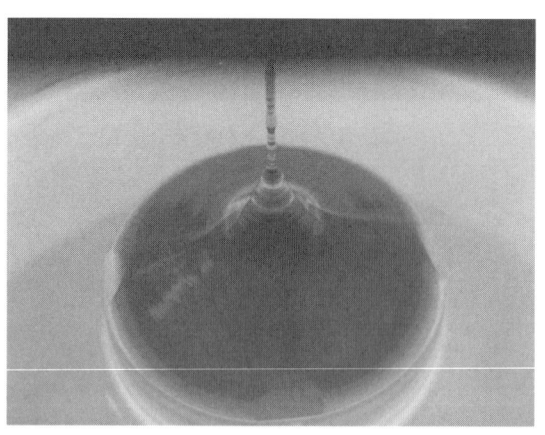

石英るつぼの中の溶けたシリコンに接した単結晶シード（細い棒）の下に成長しつつある大口径シリコン単結晶インゴット

第3章

パワーデバイスの動作原理
― 電子，正孔の挙動，特性，用語 ―

第2章で説明したように，接合の数によって次のような動作をする。
(1) **一つの接合**　　ダイオード──整流作用のみ
(2) **二つの接合**　　トランジスタ──オン・オフ動作
(3) **三つの接合**　　サイリスタ──オン動作のみ，またはオン・オフ動作

このような動作は，製造工程を経たデバイス内のn層の電子，p層の正孔の挙動によりオン，またはオン・オフする。

本章の**太字**の用語および図中の英語の記号は電気学会の標準規格による。

次に各デバイスの構造，動作原理，特徴，波形，用語，記号を説明する。

3.1　一つの接合があるデバイス　─ダイオード[1]

1) 動作原理

図3.1(a)のp層とn層に電圧を加えない場合，接合面の近傍ではp層の過剰の正孔とn層の過剰の自由電子は拡散により移動するが，再結合によってキャリアがきわめて少ない領域が存在している。

次にp層に正の**陽極電圧**を，また負の**逆電圧**を印加した場合の正孔と電子の動きを説明する。

同図(b)のように，p層の**陽極**に正の陽極電圧を加えると，n層の自由電子は正の電圧に引かれて接合面を通過して電子電流となってp層に移動し，p層の正孔と再結合して電荷を放出して消滅する。同時に，p層の正孔はn層の**陰極**の負の陽極電圧に引かれて接合面を通過して正孔電流となってn層に移動し，n層の電

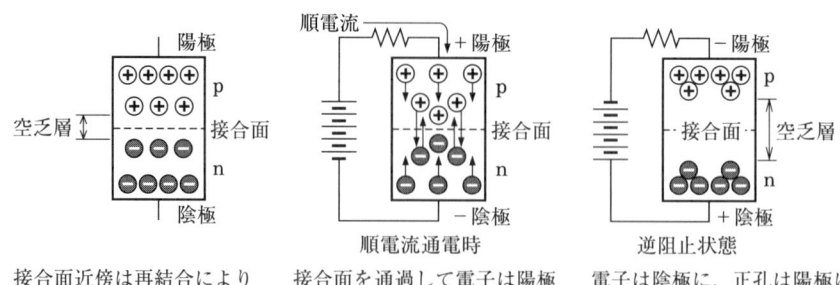

図3.1 ダイオードの電子，正孔の挙動と整流特性

(a) 電圧を加えないとき：接合面近傍は再結合により電子も正孔も少ない空乏層（絶縁層）が存在する

(b) 正の電圧印加時：接合面を通過して電子は陽極に引かれ，正孔は陰極に引かれて順電流が流れる

(c) 負の電圧印加時：電子は陰極に，正孔は陽極に引かれて空乏層は広がり，極めて小さい電流しか流れない

子と再合して電荷を放出して消滅する。

このような電界による電子電流と正孔電流の和が**順電流**となってダイオードを通過し，電源と負荷抵抗で定まる電流が流れる。このとき陽極と陰極の間に約 0.7 V の**順電圧**が生じる。この電圧と電流の関係を**陽極特性**，または静特性という。順電流を担う電子と正孔をキャリアという。

同図(c)のように，印加電圧の極性を反転して陽極の電圧を陰極よりも低い逆電圧を加えると，電子も正孔もそれぞれの層の電極に引かれるだけで接合面を通って流れるキャリアはきわめて少なくなる。しかも，電子および正孔はそれぞれの電極に引き寄せられるので，接合面の近傍には電子も正孔もきわめて少ない**空乏層**という絶縁性の層の厚さが広がる。空乏層といっても，極めて僅かの電子と正孔が残っているので，小さな**逆阻止電流**が流れる。この状態を**逆阻止状態**という。

2) 陽極特性（静特性）と波形，用語，記号

陽極電圧と順電流（**順方向**），および逆電圧と逆電流（**逆方向**）の関係を陽極特性，または静特性といい，**図3.2**(a)に示す。

同図(b)のように，**ピーク非くり返し逆電圧**を超えると，接合面近傍のわずかのキャリアが高電圧で加速されてシリコン原子に衝突・電離してキャリアが急増してアバランシェ（雪崩）を起こし，逆阻止電流は急激に増加する。この電圧を**逆降伏電圧**という。

逆阻止期間に発生する損失電力を**逆阻止損失**といい，これがある限度を越えると接合は熱的に破壊されて空乏層は逆阻止能力を失う。このような破壊を避けるため，回路からきまる**ピーク動作逆電圧**に対して余裕をもった高い定格逆電圧をもつダイオードを選定する。

同図(c)のように，順電流が**定格サージ順電流**を超えると**順損失**が増え，接合を熱的に破壊する場合がある。

同図に運転状態における電圧，電流の用語と記号を示す。この記号に対する定格値がダイオードの品番の特性表に記載されている。

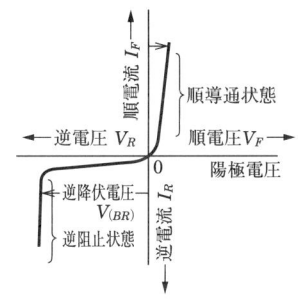

(a) 陽極特性（静特性）

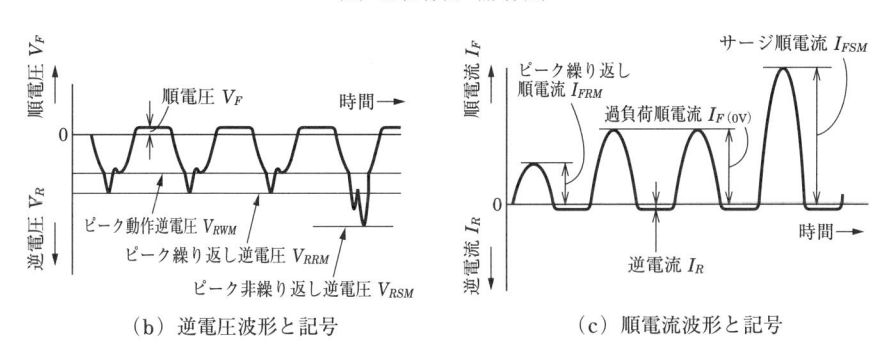

(b) 逆電圧波形と記号

(c) 順電流波形と記号

図 3.2 ダイオードの陽極特性(静特性)と電圧，電流の用語と記号（JEC-2402）[*]

3）順電流通電後の逆回復特性

順電流が急激に減少して逆電圧が加わると，接合面近傍に充満しているキャリ

---

[*] JECとは電気学会電気規格調査会標準規格が制定した用語，記号で，2402の番号は「整流ダイオード」を示す。

アは逆電圧によって外部に引き出され，**図3.3**のような過渡的な**逆回復電流**が流れる。この逆回復電流の時間積分を**逆回復電荷**という。

逆回復電流がピーク値に達すると逆電圧の阻止能力が回復しはじめ，**逆回復時間**後には蓄積電荷はほぼ消滅して空乏層が広がって逆電圧に耐えるようになる。逆回復時間が小さいダイオードほど高周波の整流用に適する。

ダイオードが動作中に発生する電力損失（熱）は
 (a) 順電流と順電圧の積
 (b) 逆回復電流と逆電圧の積
 (c) 逆阻止電流と逆電圧の積
の和となる。この電力損失が小さいほど省エネに適したダイオードである。

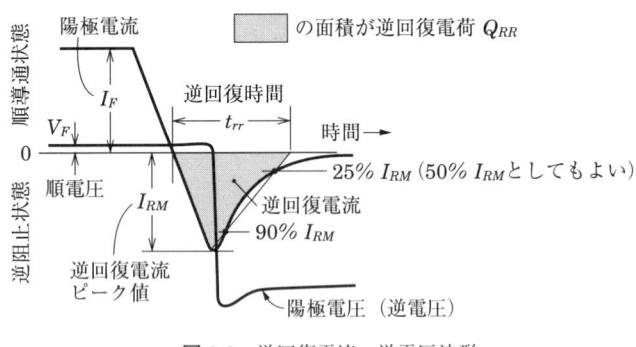

図 3.3　逆回復電流・逆電圧波形

3.2　二つの接合があるデバイス　—トランジスタ

3.2.1　バイポーラトランジスタ[2]

1) 三層構造

三層構造の両端のp層，n層をコレクタ，またはエミッタとして電極を付け，その中間にnまたはp層を形成してそれをベースとして電極を付けると図3.4のように，pnpまたはnpnトランジスタとなり，ベース電流で大きなコレクタ電流をオン・オフすることができる。

この構造では，通電が電子と正孔の両極性のキャリアで行なわれるので，これを**バイポーラトランジスタ（略してトランジスタ）**という。

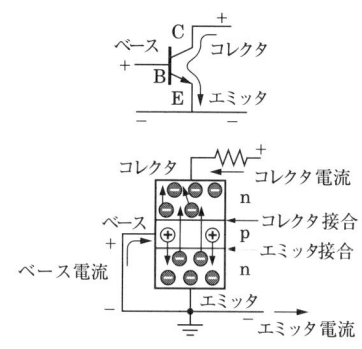

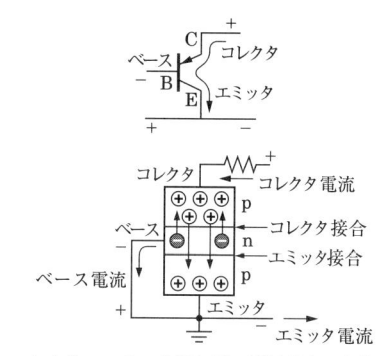

(a) npn 構造と動作回路　　　　　　　　　　(b) pnp 構造

図 3.4　npn トランジスタの動作回路と電子と正孔の挙動

　図3.4(a)のnpnトランジスタでは，正の電圧が加わるn層を**コレクタ**，コレクタと中間のp層との接合を**コレクタ接合**，中間のp層を**ベース**，そのp層とn層の**エミッタ**との接合を**エミッタ接合**とした三層構造で，それぞれの層に電極を付けてある。

　npnトランジスタでは，電子を放出するnエミッタ領域，コレクタ電圧に引かれてpベース層を通過して電子が集結して負の電荷を放出するnコレクタ領域でできている。

　pnpトランジスタは，同図(b)のように層の構造は同図(a)と異なるが，正孔を放出するp層をコレクタ，正孔が通過するn層のベース，負のエミッタ電圧に引かれて正孔が集結して正の電荷を放出するp層のエミッタとした三層構造で，それぞれの層に電極を付けてある。

2) 動作原理

　トランジスタはコレクタ，ベース，エミッタの三層構造であり，パワーエレクトロニクスではnpn構造でも，pnp構造でも図3.4のように**エミッタ接地**で使用する。

　同図(a)のエミッタ接地のnpnトランジスタで，コレクタ～エミッタ間に正の電圧を加えた状態でのベース電流に対する動作は**図3.5**のようになる。

(1) 遮断領域　ベース〜エミッタ間に電圧を加えない（ベース電流はゼロ）ときは，コレクタ〜エミッタ間に電圧を加えてもコレクタ接合が逆バイアス（図3.1(c)のダイオードの逆電圧印加時と同じ）されているため，エミッタ領域の電子はコレクタ領域に到達できず，したがって，コレクタ電流は流れない。このオフ状態を**遮断領域**という。

(2) 活性領域　ベース〜エミッタ間に正の電圧（0.7 V程度以上）を加えると，エミッタ接合は正にバイアスされ，ベース電流I_Bが流れる。この正の電圧によってnエミッタ層の電子はpベース層に引かれてエミッタ接合を越えてpベース層に入り，その領域のキャリアが増える。コレクタには正の電圧が加わっているため，薄いベース層の電子はコレクタ接合を越えてn層のコレクタ領域に入って電荷を放出し，ベース電流に応じたコレクタ電流I_Cが流れる。

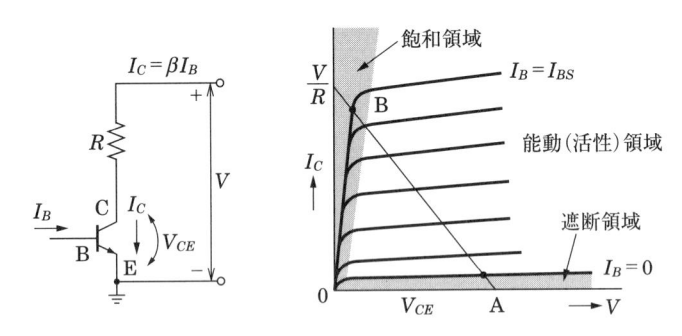

コレクタ電圧とコレクタ電流の関係（エミッタ接地）

図 3.5　バイポーラトランジスタの静特性

エミッタ電流をI_Eとすれば，

$$I_E = I_B + I_C$$

$$h_{FE} = \frac{I_C}{I_B}$$

I_CとI_Bとの比h_{FE}を**直流電流増幅率**という。したがって，I_BとI_Cの関係は$I_C = h_{FE} \cdot I_B$となる。通常，パワートランジスタのh_{FE}は50以上に設計してある。このように，小さなベース電流でh_{FE}倍に相当する大きなコレクタ電流I_Cを通すことができる。ベース電流の大きさでコレクタ電流が変化する領域を**活性領域**という。

(3) 飽和領域　大きなベース電流を流すと，電源電圧と負荷で定まるコレクタ電流が流れ，コレクタ〜エミッタ間の電圧は低い電圧の**コレクタ・エミッタ飽和電圧**となる。このように十分なベース電流を流してオン状態にした領域を**飽和領域**という。パワーエレクトロニクスでは，活性領域は使用せず，ベース電流をゼロか，または十分流すかによって図3.5の遮断領域のA点と飽和領域のB点の間を高速で往復移動させて，電流増幅率に応じた大きなコレクタ電流をオン・オフさせる。

3）動特性

図3.6に横軸を時間としたオン・オフ波形（動特性）と用語，記号を示す。

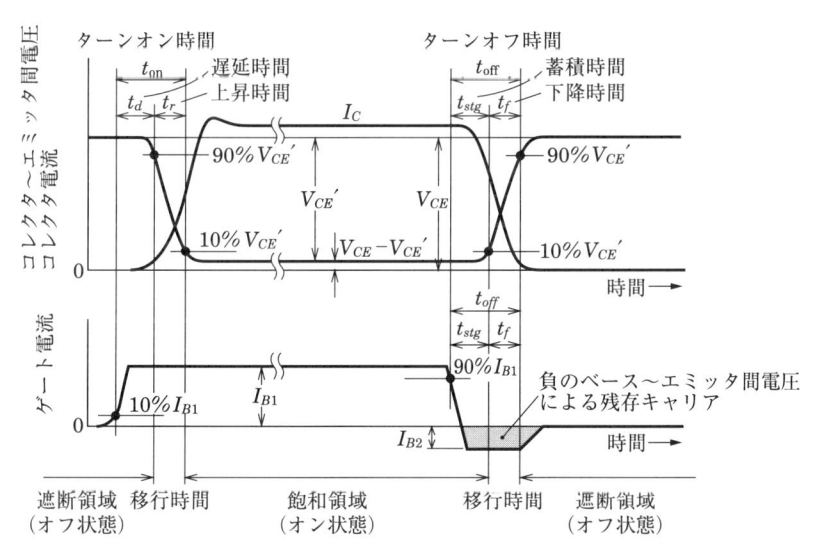

図3.6 バイポーラトランジスタの動特性（抵抗負荷時）（JEC-2404）

トランジスタでオン・オフをくり返すと，(a)ターンオン時の**ターンオン損失**(b)コレクタ電流通電期間の**コレクタ損失**(c)ターンオフ時の**ターンオフ損失**が熱となって接合部の温度上昇を起こす。このため，高周波でオン・オフさせるには，ターンオン時間，ターンオフ時間の小さいトランジスタを選択する。

トランジスタを動作させるときの注意すべき点は**接合温度，二次降伏現象**と**安全動作領域**である。

二次降服現象とは，動作中に接合部の局部に電流が集中して温度上昇が起こり，

コレクタ～エミッタ間の電圧が電子雪崩降伏を起こしてオン・オフ動作が不能となる現象で，デバイスは破壊する場合がある。

装置を設計する場合，二次降伏現象を避けるため，トランジスタの特性表に定められたコレクタ～エミッタ間電圧とコレクタ電流の通電幅で定まる**順バイアス安全動作領域**および**逆バイアス安全動作領域**以内で動作させる。

3.2.2　MOSFET（金属酸化膜電界効果トランジスタ）[3]
1）構造と特徴

MOSFETにはp，nの構造，およびその動作により4種類あるが，パワーエレクトロニクスに使用されるMOSFETは主として**nチャンネル・エンハンスメント形**である。**nチャンネル**とは電流の経路（チャンネル）がn形，すなわち電子のみがキャリアとなって通電を担うことをいう。**エンハンスメント形**とは，正の「ゲート～ソース間電圧」（ゲート電圧）を与えるとチャンネルが形成して「ドレイン電流」（オン電流）が流れてオン状態となり，ゲート電圧をゼロにするとオフ状態に戻るオン・オフ機能をもったデバイスの構造をいう。ドレイン電流の担い手が電子（nチャンネルのとき），または正孔（pチャンネルのとき）のどちらかのため，MOSFETは**モノポーラトランジスタ**である。

(a) MOSFET　　(b) バイポーラトランジスタ

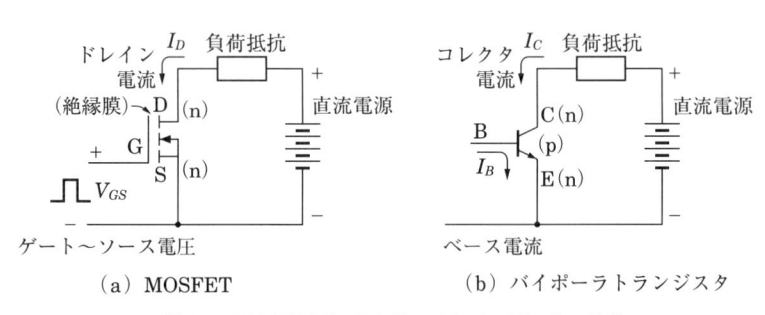

図3.7　MOSFETとバイポーラトランジスタの比較

MOSFET（以後nチャンネル・エンハンスメント形は略す）の基本的構造と記号，およびバイポーラトランジスタとの違いを**図3.7**に示す。

MOSFETの基本的構造は**ソースS**：n層（バイポーラトランジスタのコレクタに相当），**ゲートG**：絶縁膜を介したp層（同：ベース），**ドレインD**：n層

（同：エミッタ）の電極がある。ゲート電極はきわめて薄い絶縁膜（SiO_2）を介してp形基板に付いている。この絶縁膜がMOSFET構造の特徴である。バイポーラトランジスタではゲート電流でオン・オフ動作するのに対し，MOSFETでは小さなゲート電圧で大きなドレイン電流をオン・オフ制御できる大きな特長がある。電圧駆動のため，MOSFETはゲート回路を小さくできる利点もある。チャンネルの動作を図3.8に示す。

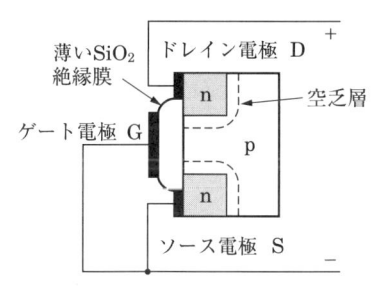

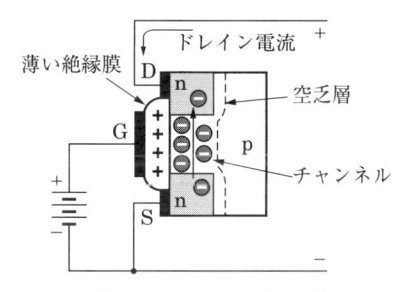

(a) 遮断領域　　　　　　　　　　(b) 飽和領域

図 3.8　MOSFETの構造とキャリアの動作

2）動作原理

(1) 遮断領域　図3.8(a)のようにドレイン～ソース間に正の電圧を加えた状態で，ゲート～ソース間に電圧を加えないとき，ドレインのnとp基板の間，p基板とソースのnの間の接合面の近傍には電子がきわめて少ない空乏層のため，ドレインとソースを結ぶ**チャンネル**は形成されず，したがって，ドレイン電流は流れない。この状態を遮断領域という。

(2) 活性領域　ゲート～ソース間に正のゲート電圧を加えると，絶縁膜を介したp基板の電極対向面に電子が集まってチャンネルを形成し，ソースの電子はチャンネルを通ってドレインに引かれて移動する。ゲート電圧の変化によりドレイン電流が変化する状態を活性領域という。ドレイン～ソース間の電圧を高くしてもドレイン電流が増加しないのは，ドレインが電子を吸収してチャンネルが狭くなるためである。

(3) 飽和領域 正のゲート電圧を十分に高くするとチャンネル幅が広くなり，電源電圧と負荷抵抗で定まるドレイン電流が流れる。この状態を飽和領域という。

初期のMOSFETでは図3.9(a)のように，n基板をドレインとして，その上にp層，n層をプレーナ構造で製造するので，その側面にp，n層のダイオードが形成される。このダイオードを内部ダイオード，またはボデーダイオードという。このダイオードは，ソース～ドレイン間に逆電圧が加わったときに電流を流してMOSFET構造を保護する。

3) 静特性

ゲート電圧に対するソース～ドレイン間の電圧とドレイン電流の関係を示す静特性は同図(b)となる。

パワーエレクトロニクスでは活性領域を使用せず，ゲート電圧をゼロか高い正の電圧を加えるかによって，同図(b)のように遮断領域のA点と飽和領域のB点の間を高速に往復移動させてドレイン電流をオン・オフさせる。

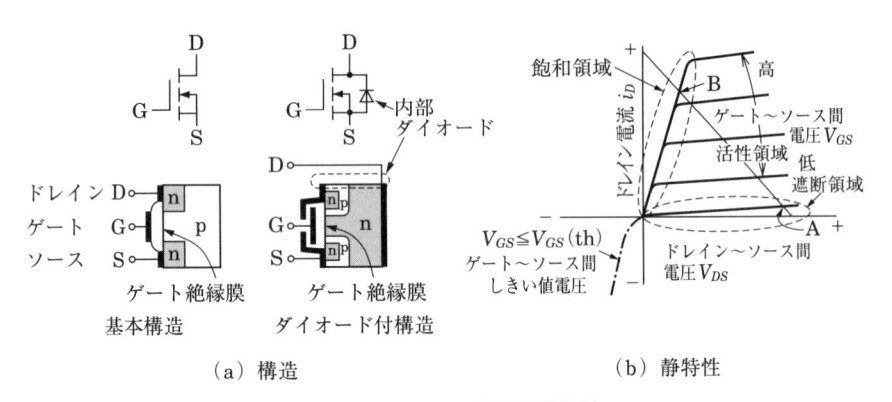

図3.9 MOSFETの構造と静特性

4) 動特性

横軸を時間としたときのゲート電圧，ドレイン電圧，およびドレイン電流の波形を示す動特性および用語と記号を図3.10に示す。

バイポーラトランジスタのようなオフ時の蓄積キャリアの消滅時間は，MOSFETでは電子の移動だけなので，ターンオン時間，ターンオフ時間はナノ

秒(10^{-9}秒)のオーダーのきわめて小さい。このため，デバイスの設計によってMHz(10^6 Hz)以上の超高速のスイッチングが可能である。

パワーMOSFETの設計には高電圧，大電流化とともに，高周波動作およびオン状態でのドレイン～ソース間のオン電圧を低くして電力損失を小さくする努力が続けられている。それには超LSIの設計技術（たとえば，線幅0.3ミクロン以下），およびプロセス技術が応用されている。

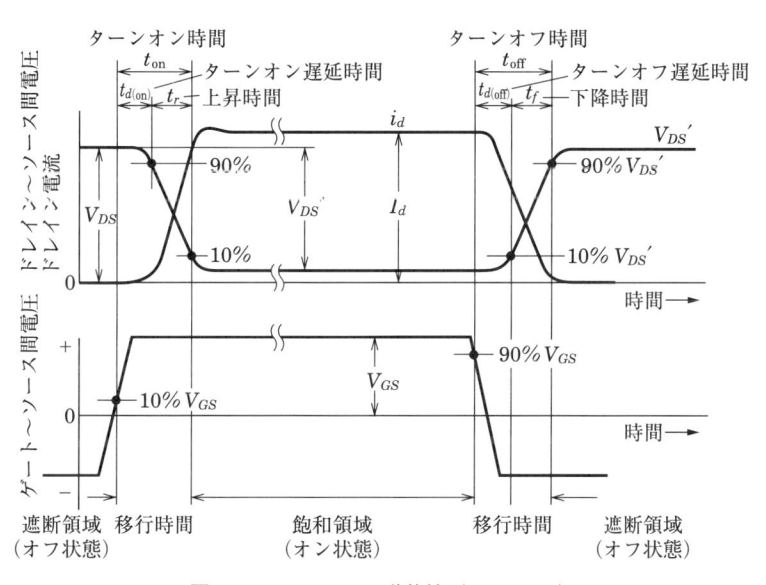

図3.10 MOSFETの動特性（JEC-2406）

それぞれの年代のMOSFETの断面構造の変遷を図3.11に示す。同図のように，第5世代の1個のMOSFETの大きさは第3世代の約1/10に小さくなり，同時に特性は大きく改善されている。

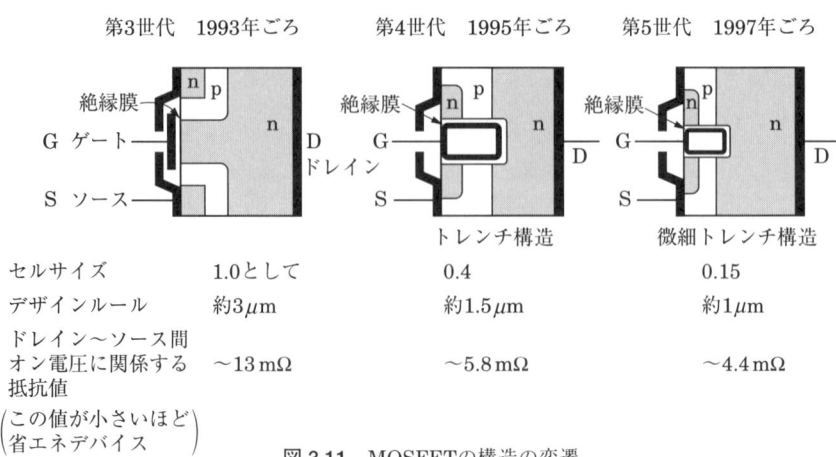

	第3世代 1993年ごろ	第4世代 1995年ごろ	第5世代 1997年ごろ
セルサイズ	1.0として	0.4	0.15
デザインルール	約3μm	約1.5μm	約1μm
ドレイン～ソース間オン電圧に関係する抵抗値 (この値が小さいほど省エネデバイス)	～13mΩ	～5.8mΩ	～4.4mΩ

図 3.11 MOSFETの構造の変遷

3.2.3 IGBT（絶縁ゲートバイポーラトランジスタ）[4]

1）構造

IGBT（Insulated Gate Bipolar Transistor）の構造はバイポーラpnpトランジスタのベースにnチャンネル・エンハンスメント形MOSFETを付けたのと等価の複合デバイスで，トランジスタに比べて次の特徴がある。

(a) 電圧信号でオン・オフ動作ができるのでゲート回路が小型・軽量になる。

(b) 高速のオン・オフ動作が可能になる。

このため，IGBTは後述するゲートターンオフ・サイリスタよりも使いやすいので，現在のパワーエレクトロニクスの中心的なデバイスになっている。

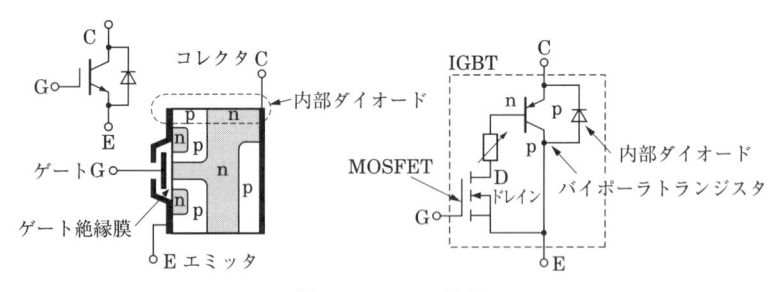

図 3.12 IGBTの構造

2）動作原理

IGBTは図3.12のように，pnpトランジスタのベースにMOSFETのnpnを構

成してある。ゲート～エミッタ間に正の電圧を加えると，MOSFET部分にnチャンネルが形成してドレイン～エミッタ間はオン状態になり，トランジスタのベース～エミッタ間が短絡状態になる。この結果，pコレクタ層とnベース層の接合には順方向の電圧が加わり，ベース電流が流れ，pコレクタ層の正孔はn層を通過してpエミッタ層に達し，コレクタ電流が流れてIGBTはオン状態になる。このように正孔の移動がコレクタ電流を担っている。ゲート電圧をゼロ，または負にするとチャンネルは消滅してドレイン電流すなわちベース電流はゼロとなり，トランジスタはオフ状態になる。

3）静特性

主たる電圧阻止，および通電領域がバイポーラトランジスタのため，3.2.1で説明した蓄積キャリア，コレクタ電圧・コレクタ電流特性，逆電圧特性の静特性，および遮断領域，飽和領域，安全動作領域などはIGBTも同じである。

4）動特性

横軸を時間としたときのオン・オフ時のゲート電圧，コレクタ電圧，コレクタ電流の波形と用語，記号を**図3.13**に示す。

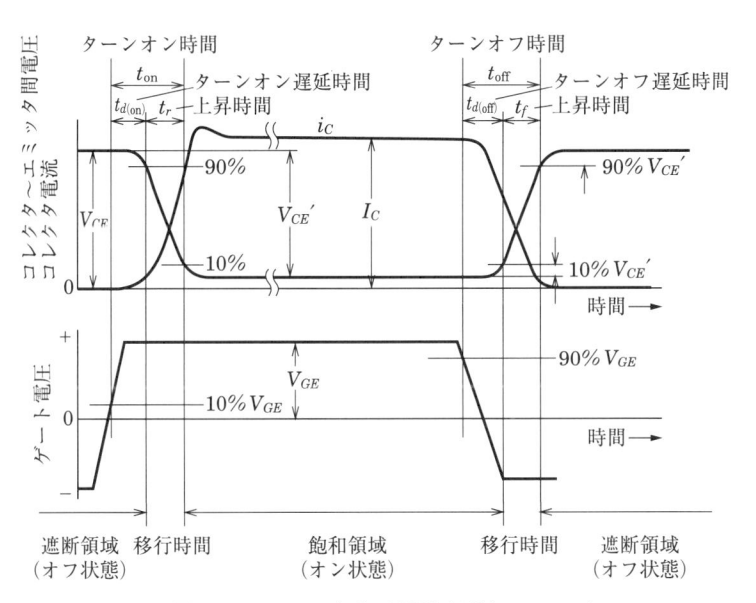

図3.13 IGBTの波形，用語と記号（JEC-2405）

IGBTもMOSFETと同様，微細化技術を応用して高耐圧・大電流化，より高い周波数の動作，より低いオン電圧降下をめざして研究，開発が続けられている。図3.14にIGBTの断面構造の変遷を示す。

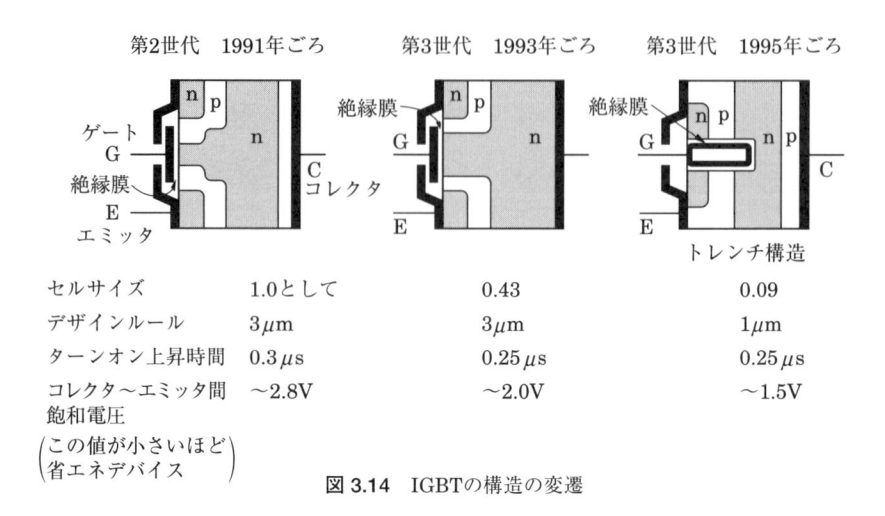

	第2世代 1991年ごろ	第3世代 1993年ごろ	第3世代 1995年ごろ
セルサイズ	1.0として	0.43	0.09
デザインルール	$3\mu m$	$3\mu m$	$1\mu m$
ターンオン上昇時間	$0.3\mu s$	$0.25\mu s$	$0.25\mu s$
コレクタ～エミッタ間飽和電圧	～2.8V	～2.0V	～1.5V

(この値が小さいほど省エネデバイス)

図3.14　IGBTの構造の変遷

3.3　三つの接合があるデバイス　―サイリスタ

3.3.1　（電流トリガ）サイリスタ[5]

1）四層構造

　三つの接合をもつpnpnの4層は**逆阻止三端子サイリスタ**の基本構造である（**逆阻止**とは逆電圧を阻止できる構造という意味で通常は略す）。図3.15(a)のようにn形のシリコンウエーハの両面にp層を形成し，さらに片側のp層の上にn層を形成するとpnpnの4層構造となる。この構造を分解すると同図(b)のように，pnpトランジスタとnpnトランジスタの並列接続と等価として動作を説明することができる。陽極側から接合面をJ_1，J_2，J_3とし，p_Bに**ゲート端子**を付け，n_E層を陰極とする。

　この図で，α_1はpnpトランジスタの電流増幅率，α_2はnpnトランジスタの電流増幅率である。

3.3 三つの接合があるデバイス —サイリスタ　49

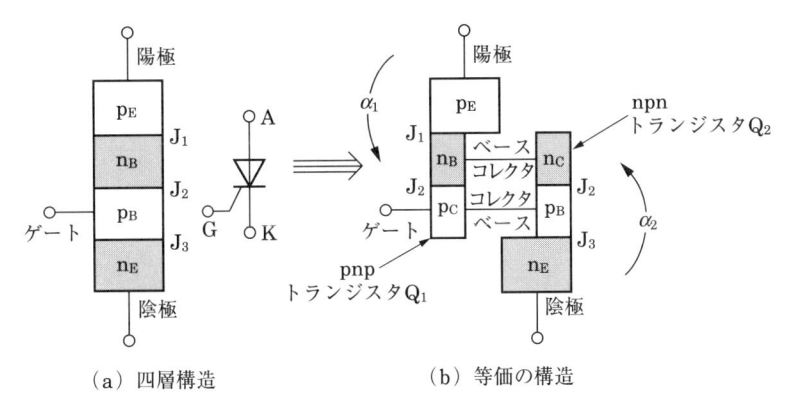

(a) 四層構造　　　　　(b) 等価の構造

図 3.15　サイリスタの構造

2) 動作原理

サイリスタのオン・オフ動作中の電子，正孔の挙動を**図3.16**で説明する。

(1) 順電圧阻止状態（オフ状態）　　同図(a)のように，p_B層に**ゲート順電流**を流さない状態で，n_E層に対しp_E層の陽極に正の電圧を加えると，n_B層の電子は陽極に，p_B層の正孔は陰極に引かれて移動する。その結果，接合面J_2の空乏層が広がり，この空乏層が順方向の電圧（**オフ電圧**）を受もってオフ状態を維持する。この状態では空乏層に極めて僅かに存在する電子と正孔によって小さな**オフ電流**が流れる。このオフ電圧がサイリスタの型名で指定された**ブレークオーバー電圧**を超えるとJ_2接合で電子雪崩現象を起こしてオン状態になり，デバイスを破壊する場合がある。このような過電圧が加わらなように回路を設計する。

(2) オフ状態からオン状態への移行（ターンオン）　　同図(b)のようにゲートのp_B層に電流を流すとnpnトランジスタがオン状態となり，コレクタ電流$\alpha_2 \cdot I_C$が流れる。この電流はpnpトランジスタのベース電流になるので，pnpトランジスタがオン状態になる。

pnpトランジスタのコレクタ電流$\alpha_2 \cdot I_A$はnpnトランジスタのベース電流となる。このような過程でサイリスタは**ターンオン**する。ゲート電流によるターンオンを**電流トリガターンオン**という。同図(b)で，陽極電流I_A，ゲート電流I_G，陰極電流I_Cには

$$I_C = I_A + I_G$$

(a) オフ状態

(b) オフ状態からオン状態への移行

$I_C = I_A + I_G$
$I_A = \alpha_1 I_A + \alpha_2 I_C + I_D$
　　　正孔電流　電子電流　オフ電流

(c) オン状態から逆阻止状態への移行

サイリスタの電流・電圧波形

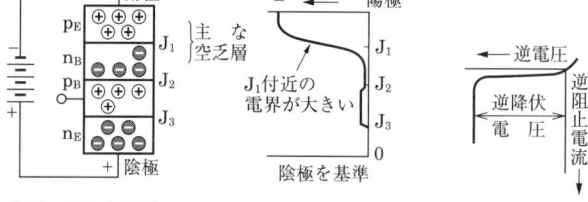

(d) 逆阻止状態

図 3.16 サイリスタのオン・オフ動作の説明

の関係があり，J_2 を通過する電流は I_A に等しいから

$$I_A = \alpha_1 \cdot I_A + I_D + \alpha_2 \cdot I_C$$

これらの式からI_Cを消してI_Aを求めると，

$$I_A = \frac{I_D + \alpha_2 \cdot I_G}{1-(\alpha_1+\alpha_2)}$$

となる．この式から，

$$(\alpha_1 + \alpha_2) \geq 1$$

この条件のときI_Aは無限大，すなわちこの式がターンオンの条件となる．いちどオン状態になると，外部からのゲート電流I_Gを停止してもpnpトランジスタの電流$\alpha_1 \cdot I_A$はnpnトランジスタのゲート電流となって流れ続けるので，サイリスタはオン状態を持続して電源電圧と負荷抵抗で定まるオン電流が流れ続ける．

(3) オン状態から逆阻止状態への移行（転流ターンオフ）　　オン状態では各p，n層はオン電流により多量の電子，正孔で充満されているため，オフ状態にするためには，まずオン電流をゼロにして，接合面を通過する電子，正孔の移動を停止させて空乏層を形成させなければならない．このためには，2.2.1の2）で述べた転流によってオン電流をゼロにする．オン電流をゼロにしても，各層に残存する電子，正孔が逆電流となって外部回路に流れ，再結合によって消滅する（同図(c)のt_3）．

(4) 逆阻止状態（オフ状態）　　同図(d)のように，陰極に対して陽極に負の電圧を加えると，p_E層とn_B層の接合面のJ_1に空乏層ができて逆電圧が加わり，逆阻止状態となる．

3) 静特性

このように，サイリスタは6 kV級の高電圧，3 kA級の大電流のオン・オフが可能であるが，

(a) いちどオン状態になるとゲート電流を停止してもオン電流が流れ続ける．

(b) オン状態をオフ状態にするにはオン電流を転流によってゼロにするか，または内部の電子および正孔をなんらかの方法で瞬時に消滅させる必要がある．

(c) 逆方向の電圧に対しても，J_1近傍の空乏層によって電圧阻止能力がある．

図3.17に正方向および逆方向の陽極特性（静特性）を示す．

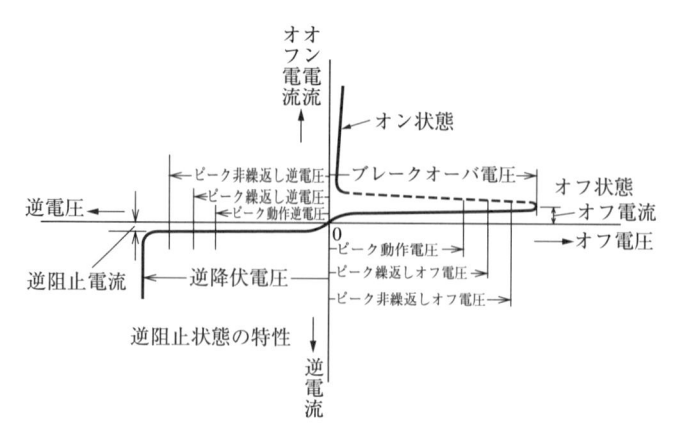

図 3.17 サイリスタの陽極特性(静特性)

4) 動特性

ゲート電流でオン状態になり,転流でオフ状態になるときの波形と用語と記号を図3.18に示す。

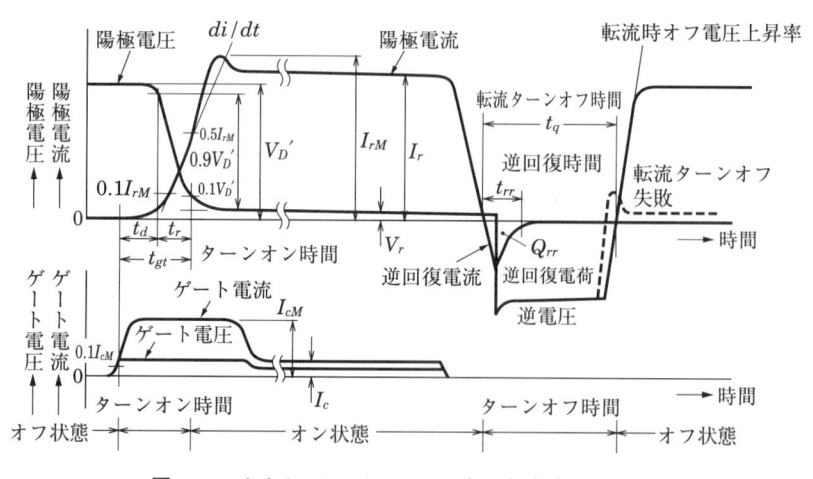

図 3.18 サイリスタのオン・オフ時の波形 (JEC-2403)

3.3.2 光トリガサイリスタ (Light Trigger Thyristor : LTT)

シリコン原子の最外周のM軌道の電子は原子核に対して弱い結合のため、ある特定の波長で、ある強さの光を照射するとM軌道から外れて自由電子が発生

し，それがある量に達すると，あたかもゲート電流を流したように光トリガサイリスタはターンオンする。

図3.19(a)はp_B部分に光（波長0.8から1.05 μmの近赤外光）に感度のよい補助サイリスタを埋め込み，その補助サイリスタのオン電流でサイリスタ・エレメントの全面積をターンオンさせる。同図(b)は直径約120 mmのオフ電圧，逆阻止電圧8 kV，オン電流3.5 kA級の光トリガサイリスタのカソード側のパターンで，中心部に光に感度のよい部分があり，ここに光を照射する。この独特のパターンは，光でターンオンした中心部分をエレメント全面に瞬間的にターンオン領域を広げる役目をしている。

(a) 構造とターンオンのメカニズム

(b) 陰極側パターン

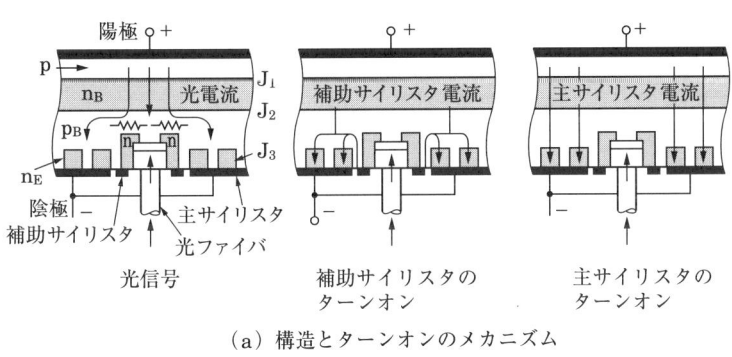

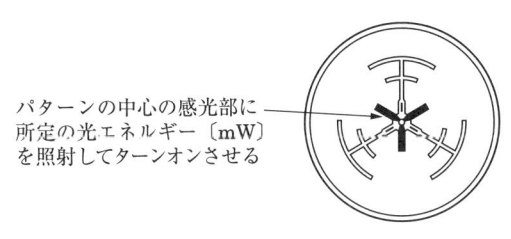

図 3.19 光サイリスタの構造の例

光トリガサイリスタは光でターンオンさせるので，光に感度のよい部分での最小照射エネルギーを〔mW〕で表わす。陽極特性（静特性），オン・オフ時の電圧，電流波形（動特性）および用語と記号は3.3.1の電流トリガサイリスタで示した図3.17，図3.18と同じである。

3.3.3　ゲートターンオフサイリスタ（Gate-Turn-Off Thyrisutor：GTO）

ゲートターンオフサイリスタとは，電流トリガサイリスタと同様，正のゲート電流でターンオンするが，とくに，負のゲートパルス電流によりオン電流を自己の能力で消滅させてオフ状態にする次の機能をもったサイリスタである。

（a）オフ状態からオン状態への移行（ターンオン動作）

電圧，電流のターンオン波形は図3.16(b)で説明した。

（b）オン状態からオフ状態への移行（ターンオフ動作）

ゲートターンオフの動作を図3.20で説明する。

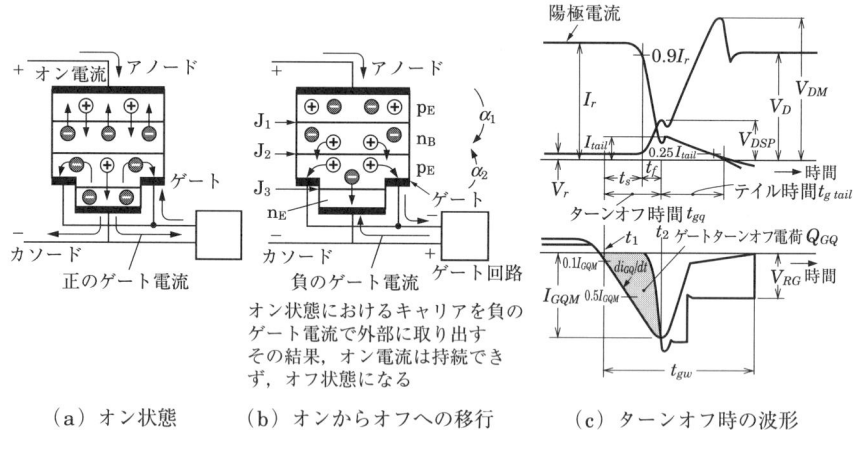

図 3.20　ゲートターンオフ時のキャリアの挙動とターンオフ時の波形

同図(a)のように，オン状態ではすべての層がキャリアで充満している。オン電流を遮断するため，同図(b)のように，ゲート電源によってゲート（p_B層）〜カソード（n_E層）間に負のパルス電圧を加えると，p_B層の正孔は外部に吸い出されてパルス電流が流れると同時に，J_3接合に負の電圧が加わってn_E層からp_B層への電子の供給が止まる。

その後，p_B領域の残存する電子と正孔は再結合によって時間とともに消滅してJ_3接合の逆電圧の阻止能力は回復すると同時に，J_2接合もオフ電圧阻止能力が回復する。このような状態になると，p_B – n_E間に負のゲート電圧を印加し続けなくてもオフ，および逆電圧に対して電圧阻止能力が回復してオフ状態になる。

同図(c)はゲートターンオフ時の波形で，t_1は負のゲート電流を流し始めた時点，t_2はJ_2，J_3が電圧阻止能力を回復した時点で，t_1からt_2の時間t_{gq}をゲートターンオフ時間という。ターンオフ時間内にゲート電極から流れ出る負のゲート電流の時間積分をゲートターンオフ電荷Q_{GQ}という。サイリスタと同じの記号を用いてゲートターンオフするための条件は，

$$(\alpha_1 I_A - I_G) \leq (1 - \alpha_2)(I_A - I_G)$$

となる。ゲートターンオフサイリスタの設計，製造技術にとってα_1とα_2の許容範囲は狭い。ターンオフさせたいオン電流（瞬時値）の1/3から1/5のピーク電流を流しうる負のゲートパルス電源が必要である。ゲートターンオフを失敗すると接合面が局部的に熱破壊し，デバイスは導通状態になる場合がある。

以上，各種デバイスを解説したが，これらの適用分野とおもな用途を，横軸をオン・オフ動作周波数〔Hz〕，縦軸にデバイスの定格「オフ電圧とオン電流の積」を〔VA〕で表わすと図3.21のようになる。

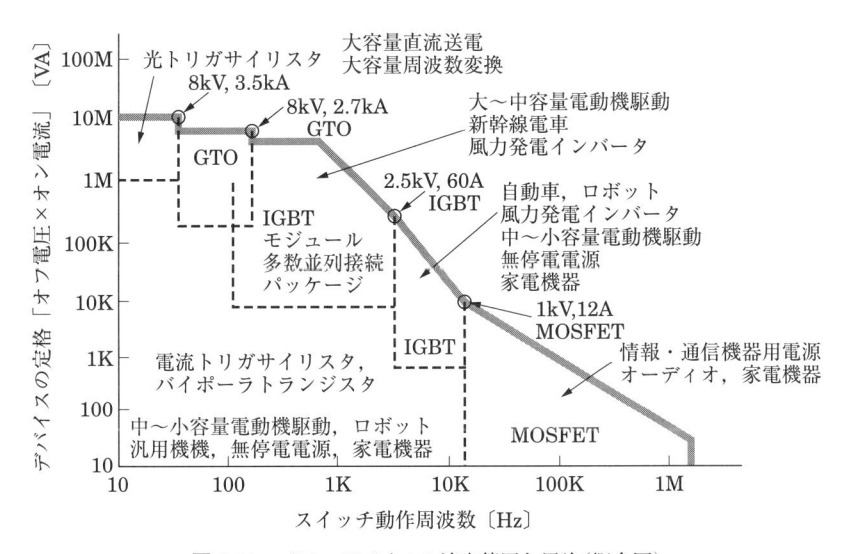

図3.21　パワーデバイスの適応範囲と用途（概念図）

この図から，光トリガサイリスタは商用周波で高電圧大電流の電力変換に，IGBTは大から中電力で数kHzのオン・オフ周波数を利用した電力変換に，

MOSFETは中から小電力で数100 kHz～MHzのオン・オフ周波数を利用した電力変換に適している。

サイリスタ，バイポーラトランジスタは，上記のデバイスがもつ周波数特性を必要としない応用分野に今後も使用される。これらのパワーデバイスを直列，または並列接続することによって，負荷が必要とする広い範囲の電力の制御に対応することができる。

参考文献
(1) 玉井輝雄『図解による半導体デバイスの基礎』コロナ社，1995
(2) 由宇義珍『はじめてのパワーデバイス』工業調査会，2006
(3) 電気学会誌「特集号　最近のパワーデバイスの進歩」，『電気学会誌』Vol.118，No.5，1998，P.266-285
(4) 家坂　進，小倉常雄ほか『パワーエレクトロニクス用大容量IEGT』東芝レビュー，Vol.55，No.7，2000，pp.7-10

問題

1) バイポーラトランジスタとモノポーラトランジスタのちがいは何か。
2) MOSFETとIGBTとの共通点，相違点を述べよ。
3) デバイスの定格とは，デバイスが所定の機能を発揮するため，電気的，熱的，および使用条件について製作者が指定した値で，いかなる場合でもこの定格値を超て使用するとそのデバイスは劣化，または破壊する場合がある。下記のデバイスでとくに注意すべき項目は何か。

　　ダイオード，バイポーラトランジスタ，MOSFET，IGBT，電流トリガサイリスタ

ひと休み 3

最新の省エネデバイス,「IEGT」

3.2.3でIGBTについて解説したが,最近はこのIGBTの構造を生かし,特性を改善した「IEGT」(Injection Enhanced Gate Transistor：注入促進型絶縁ゲートトランジスタ)が大容量の電力変換に使用されるようになった。このIEGTの要点を解説する。

従来のIGBTでは定格電圧,定格電流に限界があり,高電圧・大電流の電力変換には多数のIGBTを直列,および並列に接続する必要があり,回路が複雑で大きなオン・オフ動作の電力損失などが問題であった。

IGBTの最も大きな特長である電圧信号によるオン・オフ機能は残しつつIGBTのゲートを微小なトレンチ(埋め込み)構造とし,さらにエミッタ電極を工夫してnベース層への電子の流れを増加させた。この結果,オン電圧およびオン損失を減らすことができた。すなわち,IEGTは省エネデバイスといえる。

IEGTのチップを図-3.1に示す。このチップは15 mm角で,コレクター エミッタ間電圧は4.5 kV,コレクタ電流は100 Aである(初期のIGBTでは同一サイズで2.5 kV, 60 Aであった)。

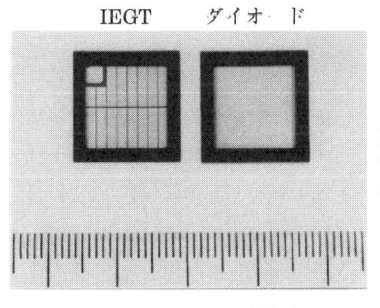

図-3.1　IEGTのチップ(左)(右はダイオードチップ)

このIEGTチップ15個とダイオードチップ6個の合計21個を**図-3.2**(a)のように平形セラミック容器内に並べて圧接した状態でシールすると同図(b)のような21個のチップを並列に接続したマルチチップの平形デバイスとなる。この平形デバイスの定格電圧は4.5 kV，電流は1.5 kA，オン電圧は4.5 Vである。

（a）平形セラミック容器の内部

四角い部分にチップを入れ，合計21個を同一セラミック容器に封入して並列に接続することにより大電流を得る

パワーモジュール

外径 125mm

外径 85mm

（b）IEGTデバイス

図-3.2　4.5kV，1.5kA　IEGT平形デバイス

資料提供　㈱東芝，章末の参考文献の（4）参照

第4章
パワーデバイスを使用するには

4.1 ゲート回路

　パワーデバイスがもつ機能を十分に発揮し，確実かつ長期にわたり信頼性をもって動作させるためには，個々のデバイスのデータ表に記載されている諸定格を超えないように所定の条件内で使用しなければならない．

4.1.1 デバイスに適したゲート回路

　電力変換回路を設計する際にはそれに適したデバイスがあり，それぞれのデバイスには適したベース，またはゲート回路がある．デバイスを確実にオン・オフ動作させるためには，デバイスを制御する適切なベース，またはゲート回路とその電流，電圧波形は重要である．

1) バイポーラトランジスタ

　トランジスタを高速かつ低損失でオン・オフ動作させるためには立上がりが早く，かつピーク値の大きいベース電流を流す必要がある．コレクタ電流通電中でのベース電流値は，一般に，「コレクタ電流÷電流増幅率」以上あればよい．

　オンからオフに高速に切り換えるにはベース電流とは逆方向の電流を瞬間的に流して残留キャリアを消滅させる．図4.1に2電源方式のベース電流回路の例を示す．Tr はバイポーラトランジスタ，Q_1, Q_2 はそのベース電流回路のトランジスタである．

　Tr をオンさせるには，Q_1 に信号を与えてオンさせると+6V電源の C_1 から抵抗 R_1 で制限されるオン用ベース電流 I_{b1} が流れて Tr はオン状態になる．Tr をオ

フさせるには，-6V電源のQ_2をオンさせるとC_2からオフ用ベース電流I_{b2}が流れ，オン用ベース電流I_{b1}をゼロにすると同時に，Trのベース～エミッタ間に逆バイアスの-6Vが加わり，Trはオフ状態になる。

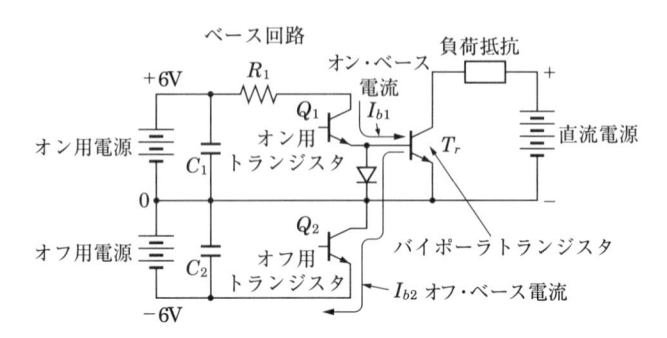

図 4.1 バイポーラトランジスタの駆動回路の例

2) MOSFET

MOSFETの特徴はnチャンネル型では電子が通電を担うため高速のオン・オフが可能で，かつゲート～ソース間に絶縁性酸化膜があるためにゲート回路のインピーダンスは高いので，正・負の電圧信号でオン・オフ動作が可能なことである。

制御信号は電圧であるが，ゲート絶縁膜のわずかなキャパシタンスのため小さなパルス状の充・放電電流がゲートの制御電圧回路に流れる。このためゲート回路はパルス電流を流し得る電圧源が必要である。図4.2にMOSFET用のゲート回路の例を示す。同図はMOSFETと信号系を絶縁するパルス変圧器（オン・オフ用）と，オフ用のキャパシタンス放電用トランジスタQを用いた回路である。

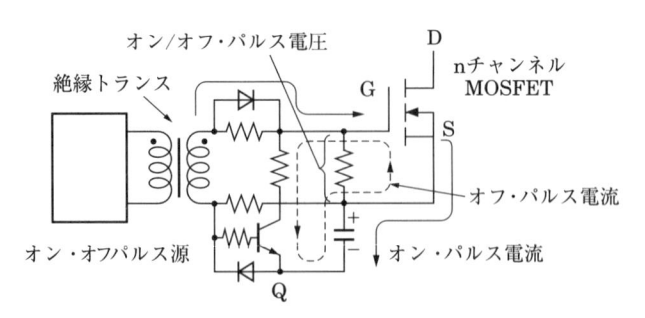

図 4.2 MOSFETの制御回路の例

3) IGBT

IGBTはMOSFETと同様，電圧駆動のデバイスである。電流はIGBTが内臓するバイポーラトランジスタでオン・オフ動作するため，動作周波数の限界はMOSFETより低い。図4.3にIGBTのゲート回路の例を示す。この回路は±15Vの2電源方式で，IGBTと信号系を絶縁するためホトカプラを用いている。IGBTをオンするとき，Q_1に信号を与えてオン用電源のC_1からゲートの絶縁膜を充電するとともにゲートに+15Vの電圧を加える。

オフするとき，Q_2をオンするとオフ用電源の−15Vに充電したC_2により絶縁膜の電荷を消滅させるとともにIGBTのトランジスタ部分に逆電流を流し，残存キャリアを消滅させてIGBTオフ状態にする。誤動作を防ぐため−15Vの負バイアスをオフ期間に加えておく。

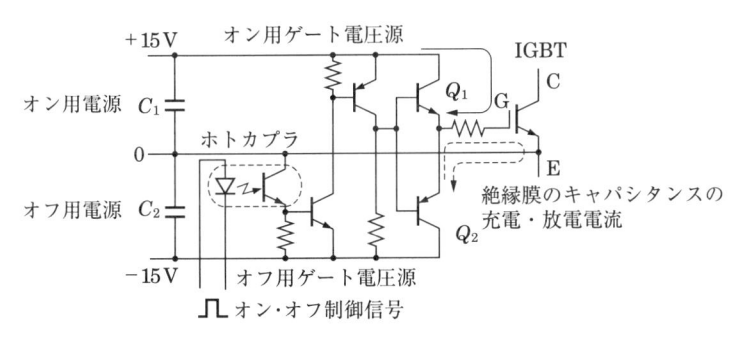

図4.3 IGBTのゲート回路の例

4) サイリスタ（電流トリガ）

サイリスタのゲートに所定のゲート電流を流すとターンオンする。ゲートトリガ電流の立上がりの10％のときの時間から，オフ電圧が10％まで下がる時間を**ターンオン時間**t_{gt}という。このターンオン時間は，ゲート電流によりゲート〜カソード間の接合部J_3に電子が注入されている時間と，電子の注入によりキャリアが全接合面に急拡大していく時間の和である。

ゲート電流を小さくしていくとターンオン時間は長くなり，ついにはターンオン不能となる。ゲート電流の増加とともにターンオン時間は短くなるが，ある値に落ち着く。したがって，ゲート電流に最適の範囲がある。図4.4にゲート電流，

電圧に関する用語とゲート回路の例を示す．同図(a)は用語を，同図(b)は4kV，3000A級サイリスタの推奨するゲートトリガ範囲を示す．

同図(a)で，サイリスタの型名によってゲート端子電圧の上限は鎖線のように**定格ピークゲート順電圧**が，電流の上限は**定格ピークゲート順電流**，**定格ピークくり返しゲート順損失**が規定されている．また，ゲートの接合部J_3の逆阻止電圧能力から，**ピークゲート逆電圧**が規定されている．これらの値を超えるとJ_3が破壊する場合がある．

同図(b)は，同一型名のすべてのサイリスタのゲートのトリガ可能の範囲はA，Bの中に入っており，曲線Cはゲート損失の許容限界を示す．同図(b)の右下がりの直線はゲート回路の推奨する出力特性である．低温時にも確実にターンオンさせるために，A，B，C線で囲まれた範囲内で，なるべく高いトリガ電圧，大きいパルス状トリガ電流をサイリスタのゲートに流すのがよい．

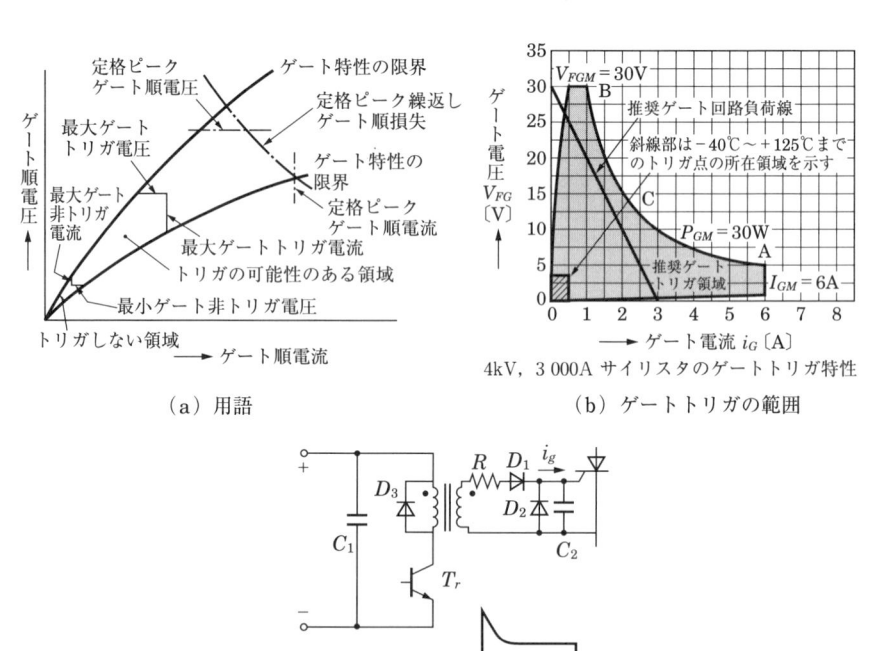

(a) 用語

(b) ゲートトリガの範囲

4kV，3000A サイリスタのゲートトリガ特性

(c) 回路と広幅ゲート電流波形の例

図4.4 サイリスタのゲート電流，電圧に関する用語と回路の例

同図(c)はゲート回路の例で，トランジスタT_rのオンでコンデンサC_1が放電し，絶縁変圧器を介して二次側にパルス電圧が誘起してR，D_1を通ってパルス状のゲート電流が流れる。D_2はゲートに逆電圧が加わるのを防ぐためで，C_2はノイズ電流のバイパス用（誤動作防止用）である。変圧器を介して広い幅のゲート電流を流すと軽負荷時にサイリスタはオン状態を維持することができる。

5）光トリガサイリスタ

ゲート接合近傍を光に感度のある構造にして，この部分に近赤外光を照射すると，電流トリガサイリスタと同じキャリアの挙動でターンオンする。光源として信頼性があり，発光出力の大きいガリウムひ素（GaSb）系の発光ダイオードを使用する。

光トリガサイリスタを確実にターンオンさせるため，パルス状の強い光ゲートパワーをエレメントの感光部に照射する。図4.5に光パルス発生回路と光信号伝送用光ファイバー，光トリガサイリスタを示す。

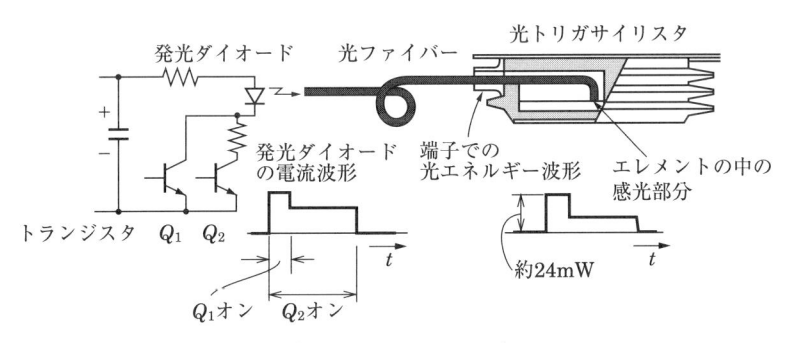

図 4.5 光トリガサイリスタの光システム

6）ゲートターンオフサイリスタ（GTO）

図4.6のゲート回路で，ターンオン用の正のゲート電流を発生する回路は4)のサイリスタと同じである。ゲートターンオフさせるとき，各p，n層内部に存在するキャリヤをできるだけ早く消滅させなければならない。このため，ターンオフ時にデバイス内部に存在するキャリアの電荷量に相当する大きなパルス電流をカソードからゲートに向けて流す必要があり，ターンオフ用に十分に大きな負のパルス電流源をもつゲート回路が必要である。

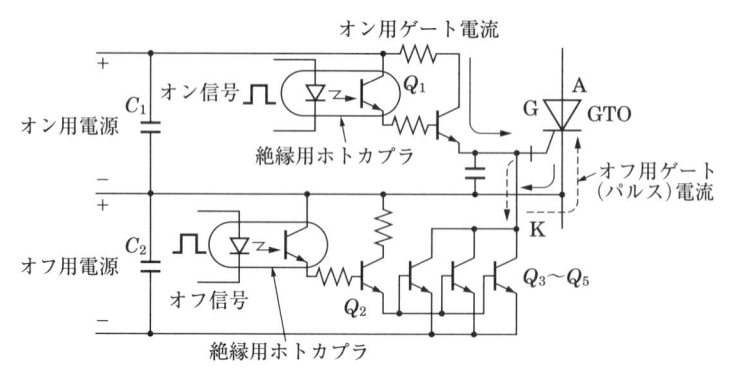

図 4.6 ゲートターンオフサイリスタのゲート回路

同図のように，ゲート回路にはオン用電源，オフ用電源がある．とくにオフ用電源は，オン状態でのデバイス内部の多量のキャリアを消滅させるため，オン用電源より大きくなる．

ターンオンさせるとき，トランジスタ Q_1 のオンによってオン用電源および C_1 からオン用ゲート電流を流す．ターンオフさせるとき，Q_2 を介して $Q_3 \sim Q_5$ のトランジスタ群をオンすることにより，オフ用電源で充電されたコンデンサ C_2 から大きなパルス電流をカソードからゲートに流してキャリアを消滅させると同時に，逆電圧を加えてオフ状態を確実にする．

4.2 デバイスを安全に使用するために

パワーデバイスを長期にわたり確実に動作させるために個々のデバイスの定格，特性を十分に確認し，いかなる瞬間でもデバイスの定格値を超えないように変換回路を設計し，動作させなければならない．

4.2.1 接合が熱的に破壊するのを防ぐために
1）安全動作領域

トランジスタを使用する際はその最大定格値の範囲内であると同時に，二次降伏現象に起因する**安全動作領域**（Safe Operation Area：SOA）も考慮する必要がある．この領域を超えるとトランジスタは劣化，または破壊する．

たとえば，パルス状のコレクタ電流をトランジスタに流す場合，**図4.7**のようにパルスの幅を広くするほどコレクタ～エミッタ間電圧およびピーク値をディレーティング（低減）し，指定された安全動作領域内で動作するようにしなければならない．

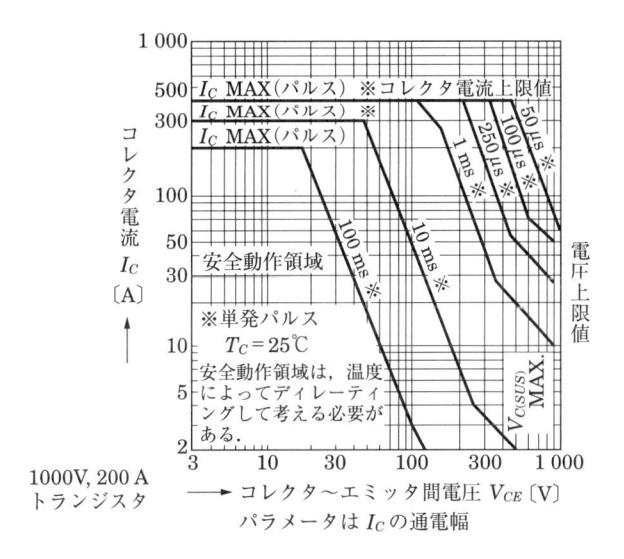

図4.7 トランジスタの型名に指定された安全動作領域の例

2) スイッチング損失

サイリスタがオン・オフ動作をするときの電圧，電流の時間的変化はマイクロ秒〔μs〕のオーダーであるが，このオン・オフ移行期間中に電力損がデバイス内部に発生する．この損失の大部分は**図4.8**のように，ターンオン時の損失とターンオフ時の損失であり，その和を**スイッチング損失**という．

サイリスタを使用する際，型名の定格表に記載されている諸数値を超えないことはもちろんのこと，このスイッチング損失を超えて動作させるとサイリスタの接合が熱的に劣化，または破壊する．これを避けるため，**図4.9**(a)は電流トリガサイリスタの場合で，(1)直列に接続したアノードリアクトル（La）でオン電流上昇率を小さくしてターンオン損失を低減し，(2)サイリスタに並列に接続したスナバ（$CsRs$）回路で逆およびオフ電圧の上昇率を小さくしてターンオフ損失を低減する．

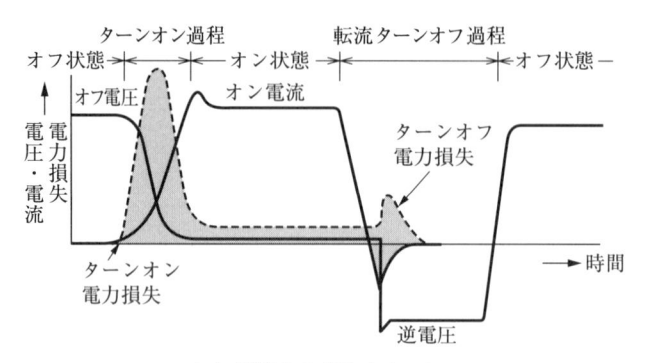

66 第4章 パワーデバイスを使用するには

(a) 電流トリガサイリスタ

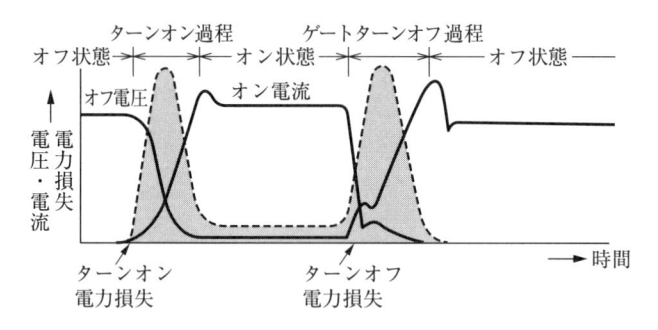

(b) ゲートターンオフサイリスタ

▨ は電力損失（熱）が発生する部分

図 4.8　サイリスタのオン・オフ時のスイッチング損失

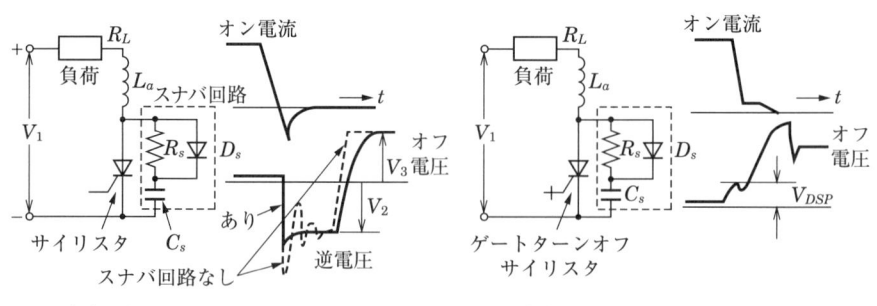

(a) 電流トリガサイリスタ　　　　(b) ゲートターンサイリスタ

スナバ回路による電圧上昇率の低減

図 4.9　オン・オフ時の損失の低減法

スナバ回路は外部からのサージ過電圧に対しても電圧抑制の効果がある。スナバ回路のコンデンサC_sの容量を大きくするほど電圧上昇率を低減できるが，オン・オフの周波数を高くするほど充・放電による回路の電力損失は増加する。したがって，C_sの容量はできるだけ小さくすることが望ましい。

4.2.2 接合温度，オン電流の限界および低減

デバイスの静特性，動特性は接合部分の温度によって変化する。それぞれのデバイスの特性表には接合温度が定められている。この接合温度とはパッケージ表面の温度（実測可能）から内部のエレメントの温度を計算で推定する。計算には熱源となるコレクタ電流，またはオン電流による**オン損失**とスイッチング損失の電力損失，およびパッケージの材料と構造による熱抵抗と過渡熱インピーダンスを用いて接合温度を推定する。

接合温度の上限は，整流ダイオードでは150から180℃，トランジスタでは150℃，サイリスタでは125℃と定められている。デバイスのオン・オフ動作による電力損失でパッケージ内部のエレメントが発熱し，冷却フィンを通って空気あるいは冷却水に熱が流れ，冷却される。熱の流れの等価回路は**図4.10**のようになる。エレメント（接合部）で発生した$P(W)$の熱はパッケージ（銅のブロック）の熱抵抗，パッケージ～冷却フィン間の熱抵抗および冷却フィン～空気間の熱抵抗を経て流れる。

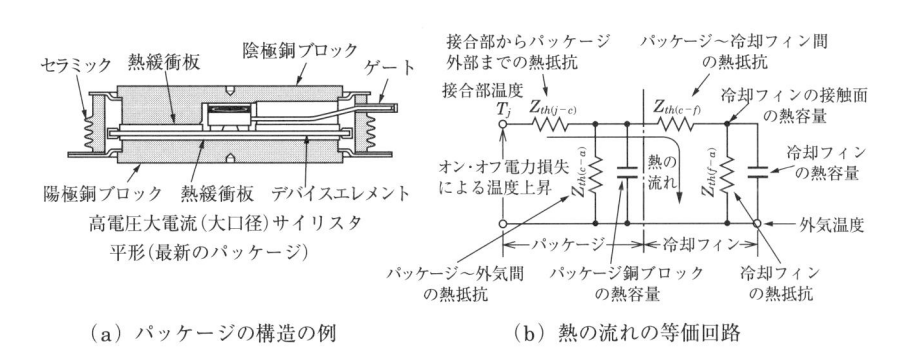

図 4.10 接合部から空気への熱の流れ

時間的に変化しない電流（定常状態）の発熱をP_o，エレメントから空気まで

の熱抵抗の合計をR_{th}, 空気の温度をT_aとすれば, 接合部の温度T_jは同図(b)の等価回路から計算できる。

パルス状の電流, すなわちパルス状の損失が発生するとき, **図4.11**の過渡熱インピーダンス$Z_{th(t)}$を計算に入れ, 接合部の温度T_jを計算する。過渡熱インピーダンスはデバイスの特性表, および冷却フィンに数値が付いている。このような手法で計算した接合温度が, いかなる時間的変化の電力損に対しても前述したデバイスの定格接合温度の上限を長時間にわたり超えないように, コレクタ電流, またはオン電流を低減するか, 電流定格の大きいデバイスを選定するか, 冷却フィンを改良してその熱抵抗を下げる工夫をする。

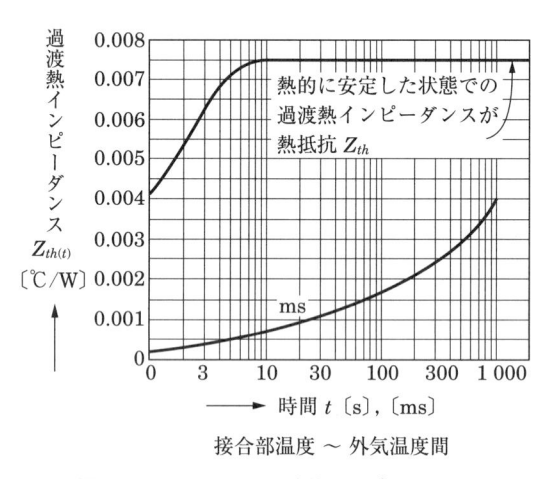

図4.11 デバイスの過渡熱インピーダンス

4.2.3 デバイスの直列, 並列接続

高電圧, 大電流の変換装置を設計する場合は多数個のデバイスを直列, または並列に接続する必要がある。

1) 直列接続

この場合のそれぞれのデバイスの特性として, (a)オフ状態, 逆阻止状態での電圧, もれ電流特性, (b)ターンオン時間, (c)ターンオフ時間, (d)転流時の逆回復電荷の量がそろっていることが必要条件で, このようなデバイスを選別し, 直列に接続する。さらに, 1個あたりのデバイスには定常的な電圧はもとより,

雷，開閉サージなどのインパルス状の電圧に対しても均等，かつ定格値を超えないように電圧を分担させるため，**図4.12**のようなスナバ回路に，並列に高抵を接続した**分圧回路**でデバイスのもれ電流特性の差をなくすようにする。

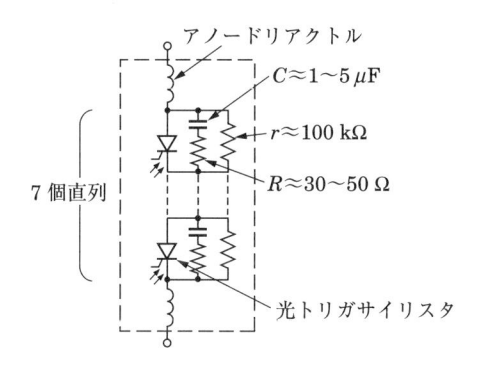

図 4.12 光サイリスタの分圧回路の例

2）並列接続

デバイスを並列に接続する場合の電流分担で重要な事項は温度に依存したオン電圧特性であり，オン電圧がそろったデバイスを選んで接続する。また，パルス性の電流を流す場合，デバイスの導線，配置によるストレーインダクタンスによって電流分担が不均等になる場合がある。このためデバイスの配置を工夫し，かつ小さなアノードリアクトルを接続して電流分担の均一化を計る。

問題

1) MOSFET，IGBTを高周波でオン，オフ動作をさせるとき，電圧信号回路で注意すべきことは何か。
2) サイリスタをオン・オフ動作させる際，電力損失を低減する手段は何か。

ひと休み 4

電磁波ノイズ
および伝導性ノイズとそのノイズ対策

　電子回路が取り扱う信号が小さいとき，しばしばノイズによって信号処理が誤動作することがある。パワーエレクトロニクスは小さな信号で大きな電力を制御できるが，その信号がノイズを受けて制御系が乱れると変換装置の出力電力は停電，乱調し，電力制御が不能になることがある。このためノイズ対策は重要である。

　ノイズの発生源は多様で，その周波数帯域はkHz～GHzといわれている。パワーエレクトロニクスの制御回路で考慮すべきノイズは，機械的スイッチ，コンタクタなどの接点の開閉，アーク溶接機，雷（直撃雷，誘導雷）などによる**外来ノイズ**と，デバイスのオン・オフによる急峻な電圧，電流の変化に伴う自分自身が発生する**内来ノイズ**がある。これらのノイズは，空中を伝搬する**電磁波ノイズ**と，電源および信号ケーブルを伝搬して侵入してくる**伝導性ノイズ**に分けられる。

　高度情報社会の通信障害防止のため，国際的な妨害波の許容値の規約がある。外来ノイズの電磁波ノイズに対して，(a)電子回路を電磁波シールド材料（金属，導電性プラスチック）で覆う。伝導性ノイズに対しては下図のように，(b)電源ラインからの侵入ノイズに対してラインフィルタを電源に接続する。(c)電源線と信号線を離し，信号線に単芯，または2芯シールド線を使用する。(d)電子回路の筐体，シールド線外被を確実に低抵抗接地する。(e)電子回路の要所にホトカプラを使用し，電線を使用せずに信号を伝送する。

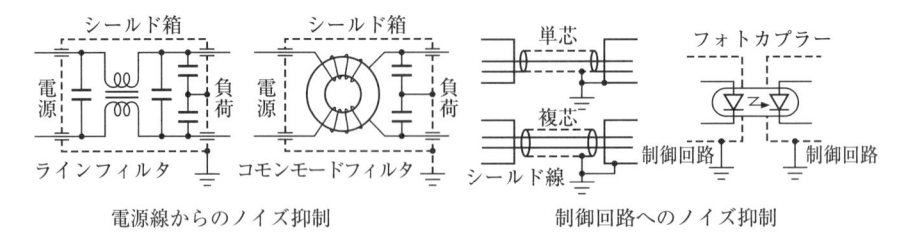

電源線からのノイズ抑制　　　　　制御回路へのノイズ抑制

図-4.1

内来ノイズに対して，(f)デバイスのアノード／コレクタの電力回路をできるだけ短くし，電力回路と電子回路，信号線を離す。(g)スナバ回路，アノードリアクトルを接続して電圧，電流の変化率を小さくする。このような(a)〜(g)の対策により制御回路へのノイズの侵入と誤動作を防ぐ。

参考文献
(1) 野島健一，大島　厳「受変電設備とEMI/EMC」,『電気学会誌』Vol.110, No.11, 1990, pp.931-938

雷について

　雷には，(1)夏の加熱された地表による積乱雲と地表の間で発生する「熱雷」(2)冬の日本海の暖流とシベリア寒気で発生する「冬季雷」がある。

　熱雷の場合，積乱雲の雲底は−に帯電し，地表は＋に帯電する。雲底と地表の間の電位差がある限度を超えると，雲底から先駆放電が枝別れしながら地表に向かって伸び，その先端が地表に極端に近づくと放電路が形成し，その放電路を通って地表から雲底に向って雷電流（波高値 5〜100kA，電流の立ち上がり約10kA/μs）が流れる。（熱雷の場合，雲底から地表に流れる雷電流は希である）

雷によるノイズについて

　電磁波ノイズ，伝導性ノイズは，(1)雷電流の近傍に巨大な変動磁場と電磁波の発生，(2)地表の巨大な量の＋電荷の瞬間的な消滅による電位変動，に起因する。これらは落雷地点近傍の送・配電線，接地線にサージ電圧として高い電圧が誘起し，電線を伝搬して電子機器に侵入する。同時に，電子機器の接地電位を急変させ，制御信号に擾乱を与える。

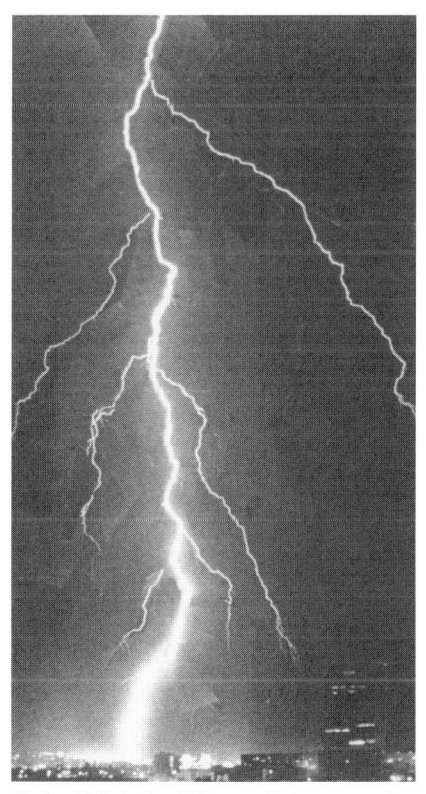

落雷は最も強烈な外来ノイズ源の一つ。電子回路の保護のため，避雷器をはじめ多重のノイズ抑制対策が必要である。

第5章
電力変換回路

　電気エネルギーを負荷が必要とする電力に変換する場合，第2章，第3章で述べたデバイスをその目的に適した回路と組み合わせる。電力変換を行なうとき，回路とそれに使用するデバイスの選定は重要である。**電源側の電力**には，電力会社の送・配電，自家発電の商用周波の**交流**と，それを整流した**直流**および各種電池の直流がある。

　一方，**負荷側が必要とする電力**には，たとえば交流電動機駆動用の可変周波数の**交流**と，直流電動機，電気化学，電子回路用などの**直流**がある。このため，**電源と負荷**の組み合わせには**表**5.1の4通りがある。

表 5.1　電力変換の組み合わせ

電源側 出力側	交　流	直　流
直　流	5.1　交流－直流電力変換回路 　　単相整流回路 　　三相整流回路	5.3　直流－直流電力変換回路 　5.3.1　直流直接変換回路 　　　（チョッパ回路） 　5.3.2　直流間接変換回路 　　　（スイッチング回路）
交　流	5.2　交流－交流電力変換回路 　5.2.1　交流電力調整回路 　5.2.2　交流電力直接変換回路 　　　（サイクロコンバータ） 　5.2.3　交流電力間接変換回路	5.4　直流－交流電力変換回路 　5.4.1　サイリスタを使用した変換回路 　5.4.2　電流形，電圧形方形波変換回路 　　　（電流形インバータ） 　　　（電流形インバータ）

　本章では，同表の組み合わせについて代表的な回路の動作と特徴，主な用途を解説するが，回路の選択にあたって下記の項目が条件となる。

（a）使用するデバイスの特性，たとえばオン機能のみ（サイリスタ）か，または自己オン・オフ機能（トランジスタ，MOSFET，IGBT，GTO）が必要か。また，その静特性と動特性および諸定格の値。
（b）負荷は何か，変動する負荷か，電力の回生が必要か。
（c）回路の電力変換効率（省エネすなわちCO_2削減効果（エコ））が高いこと。
（d）デバイスの使用個数が少ないこと（経済性，信頼性）。
（5）波形の高調波成分が小さいこと（良質の電力）。

5.1 交流−直流電力変換回路（順変換回路，整流回路，コンバータ）

電力会社の交流電力系統には単相と三相がある。これらを交流電源として直流に変換する主な変換回路について次に解説する。（とくに断らないかぎり，**サイリスタ**は自己オフ機能のない（転流を必要とする）デバイスをいう。）

5.1.1 単相交流電源

1）単相半波変換回路

サイリスタを使用する場合の回路を**図5.1**(a)に，同図(b)に波形，同図(c)に制御特性（**制御遅れ角**$α$と直流電圧の関係）を示す。

（1）抵抗負荷　　同図(b)のように，交流電源電圧の1サイクルに1回，サイリスタに正弦波の正の半波が加わる。もし，この半波のゼロ点でサイリスタをオンすると（すなわち$α=0°$），変換回路の出力直流電圧V_dは最大となる。

オンする位相をゼロ点から制御遅れ角を$α$だけ遅らすと，同図(c)のように，直流電圧V_d（平均値）を最大値からゼロまで制御することができる。ダイオードの直流電圧，波形は$α=0$のときと同じである。この回路の直流電圧V_dを計算する場合，交流電圧（実効値）をV，制御角を$α$とし，正弦半波の面積を$α$の点から$π$まで積分し，それをゼロ点から$2π$までの期間で平均値を求めればよい。この回路の直流電圧は次式となる。

$$V_d = \frac{1}{2π}\int_α^π \sqrt{2}\cdot V\cdot \sin θ\, dθ = 0.225\cdot V\cdot(1+\cos α) \qquad (5.1)$$

0.225はこの回路の**交−直電圧変換係数**である。$α=0°$（ダイオードのとき）の

直流電圧をV_{do}とし，V_{do}とVとの関係は(5.1)式から，

$$V_{do} = 0.45 \cdot V \tag{5.2}$$

この0.45はこの回路の$\alpha = 0°$のときの交-直電圧変換係数である。

(2) 誘導負荷 デバイスに加わる交流電圧がゼロになっても直流側のインダクタンスによってデバイスの電流は流れ続けるので次式となる。θ_1は電流の継続時間である。

$$V_d = 0.225 \cdot V \cdot [\cos\alpha - \cos(\alpha + \theta_1)] \tag{5.3}$$

(3) コンデンサ負荷 コンデンサCの端子電圧は正弦波の最大値$\sqrt{2} \cdot V$で充電される。コンデンサに並列に抵抗Rがあれば端子電圧は$C \cdot R$の時定数で減衰するが，次の交流半波の最大値に再び充電される。

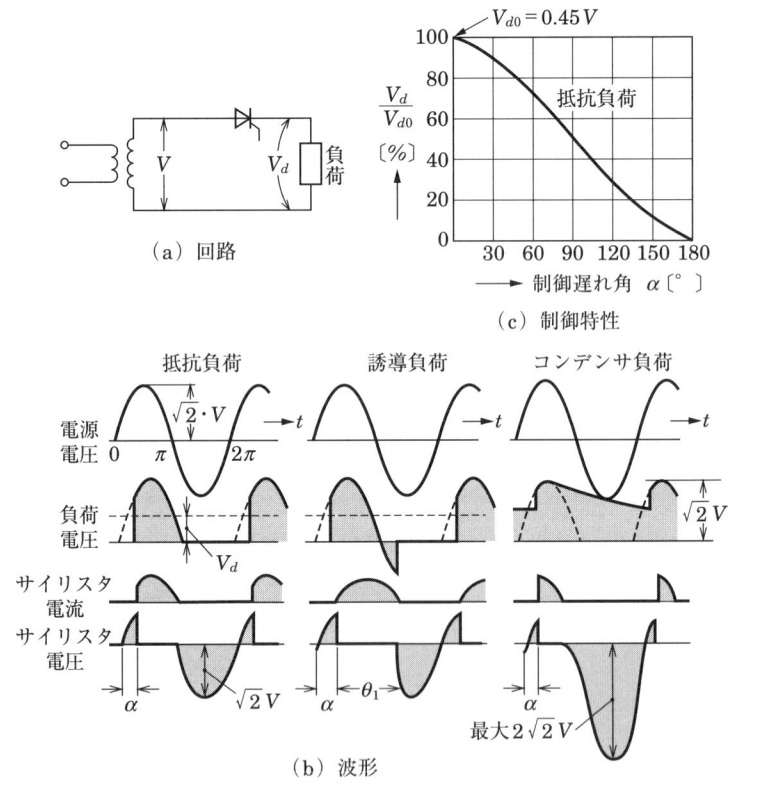

図 5.1 単相半波変換回路

この単相半波変換回路の特徴は,

(a) 単相交流電源から直流を得るのに1個のデバイスですむ利点はあるが,負荷の種類によってデバイスに加わる電圧波形,通電期間が変化するのでデバイスの定格の選定に考慮を要する。とくにコンデンサ負荷のとき,変圧器直流巻線電圧 V(実効値)の最大値 $\sqrt{2}\cdot V$ の2倍がデバイスに逆電圧として加わるので,デバイスの逆阻止電圧定格の選択に注意が必要である。

(b) 変圧器の巻線に直流電流が流れるので鉄心の偏磁に注意する必要がある。

この回路は,ダイオードを用いた小電力で低価格の家電機器,各種AV機器の直流電源,小容量のバッテリーチャージャーなどに使用されている。

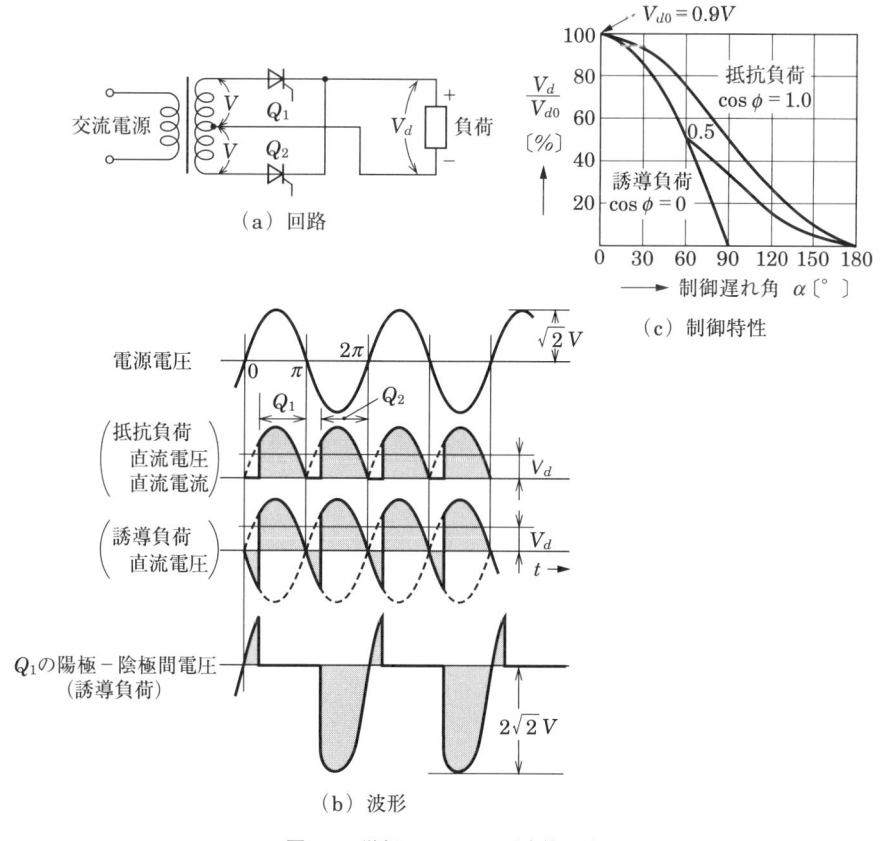

図 5.2 単相センタタップ変換回路

2) 単相センタタップ変換回路

図5.2(a)のように,変圧器の直流巻線に中点の端子を付け,それと2個のサイリスタのカソードを共通とした端子の間に負荷を結ぶ。この回路の波形を同図(b)に,制御角αと直流電圧V_dの関係を同図(c)に示す。

直流電圧波形は1)の単相半波よりも1サイクルに正の半波が二つある。

(1) 抵抗負荷　$\alpha = 0°$よりも大きくなると直流電圧波形にゼロの部分が生じる。直流電圧V_dは,αからπまでを積分の範囲とし,それを0からπまでの期間で割ると直流電圧平均値V_dとなる。αとV_dの関係は次式となり,$\alpha = 180°$のとき$V_d = 0$となる。

$$V_d = \frac{2 \cdot \sqrt{2} \cdot V}{\pi} \cdot \frac{(1+\cos\alpha)}{2} = 0.90 \cdot V \cdot \frac{(1+\cos\alpha)}{2} \tag{5.4}$$

$\alpha = 180°$のとき$V_d = 0$となる。

(2) 誘導負荷　直流電流が流れ続けるのため,αを0°より大きくすると直流電圧波形に負の部分が生じる。この負の部分の面積のため,抵抗負荷のときより直流電圧V_dは低くなる。

直流電圧V_dは,1サイクル中に二つ正弦半波があるので負の部分を含むαから$(\pi + \alpha)$を積分の範囲とし,それをαから$(\pi + \alpha)$の期間で平均値を計算する。αとV_dの関係は次式となり,$\alpha = 90°$のとき$V_d = 0$となる。

$$V_d = 0.90 V \cdot \cos\alpha \tag{5.5}$$

0.90はこの回路の誘導負荷のときの交－直電圧変換係数で,(5.2)式の単相半波変換回路の2倍になっている。サイリスタに加わる電圧は変圧器の直流巻線(中点から端子間の2倍)の電圧波形の最大値が加わる。

負荷のインダクタンスが大きいとき,サイリスタに流れるオン電流の通電期間は180°となり,その最大値は直流電流I_dである。この回路は変圧器巻線に正と負の対称の電流が流れるので偏磁することはない。この回路はダイオードを用いた小電力の交流家電機器,各種AV機器,情報機器の直流電源,小容量のバッテリーチャジャーなどに使用されている。

3) 単相ブリッジ（全波）変換回路

図5.3(a)に変換回路を示す。電流の通路に二つのデバイスが直列になっている。すなわち交流半波はデバイスの1から2に流れ,次の半波は3から4に流れる。

5.1 交流−直流電力変換回路(順変換回路,整流回路,コンバータ)　77

同図(b)は電圧,電流波形を,同図(c)は制御特性を示す.
(1) 抵抗負荷　　直流電圧 V_d は,正の半波の α から π までを積分範囲とし,それを半波の 0 から π の期間の平均値となる.$\alpha = 0°$ 以上で直流電圧波形にゼロの部分が生じる.V_d の計算式は次式となり,$\alpha = 180°$ で $V_d = 0$ となる.

$$V_d = \frac{2\cdot\sqrt{2}\cdot V}{\pi}\cdot\frac{(1+\cos\alpha)}{2} = 0.45\cdot V\cdot(1+\cos\alpha) \tag{5.6}$$

$0.45(1+\cos\alpha)$ はこの回路の交−直電圧変換係数で,$\alpha = 0°$ では 0.9 となる.

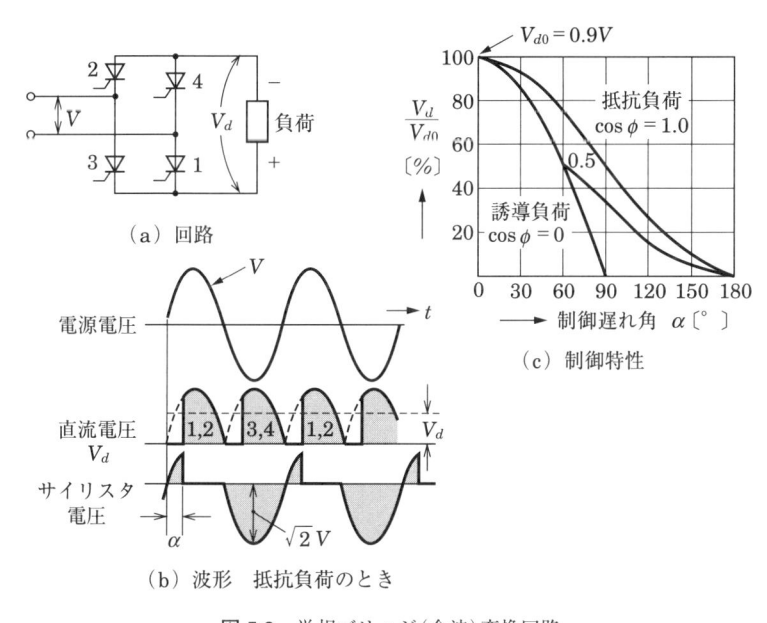

図 5.3　単相ブリッジ(全波)変換回路

(2) 誘導負荷　　直流電流が連続のため,$\alpha = 0°$ 以上で直流電圧波形に負の部分が生じる.直流電圧 V_d は,正の電圧半波で負の部分を含む α から $(\pi + \alpha)$ までを積分範囲とし,V_d は半波の期間の α から $(\pi + \alpha)$ の平均値となる.この負の部分の面積のため抵抗負荷のときより直流電圧平均値は低くなる.α と V_d の関係は,次式となり,$\alpha = 90°$ で　$V_d = 0$ となる.

$$V_d = \frac{2\cdot\sqrt{2}\cdot V\cdot\cos\alpha}{\pi} = 0.90\cdot V\cdot\cos\alpha \tag{5.7}$$

この0.90はこの回路の交－直電圧変換係数である。サイリスタに流れる電流波形は，通電電流期間は180°，波高値は直流電流I_dの矩形波となる。

交流側巻線の電流（実効値）I_aはこの矩形波の上下対象波形であり，巻線比が等しいときI_aとI_dの関係は次式となる。

$$I_a = 1 \cdot I_d \tag{5.8}$$

この係数1は誘導負荷のときの**交－直電流変換係数**である。直流電圧に含まれる高調波の基本波は電源周波数の2倍である。

この単相ブリッジ回路は，単相センタタップ回路に比べて，サイリスタを4個必要であるが，直流電圧V_dを同じとしたときサイリスタに加わるオフ，および逆電圧は1/2となり，低い定格電圧のサイリスタ（またはダイオード）を選択できる利点がある。この回路は，単相交流からダイオードを用いて直流電源に変換する標準的な回路で，小電力の家電機器，各種AV機器，情報機器の直流電源，各種バッテリーチャジャーなどに広く使用されている。

5.1.2　三相交流電源

家庭用の壁コンセントは単相交流100 V，50または60 Hzであるが，大口家庭用および中，小工場の引き込み線は三相交流200 V，400 V，3.3 kVまたは6.6 kVなどである。三相交流を電源した場合の代表的な回路とその波形について次に説明する。

波形を単純化するため，電源側のインダクタンスを無視（転流時の**重なり角***を無視）し，かつ直流リアクトルによって直流電流が連続する誘導負荷とする。

1）三相星形（半波）変換回路

図5.4(a)のように，変圧器の二次側の中点付直流巻線の各相にサイリスタの陽極を，その陰極を共通に接続する。その共通陰極と変圧器直流巻線の中点との間にリアクトルを含む誘導負荷を接続する。同図(b)は$\alpha = 30°$と$\alpha = 60°$のときの各部の波形を示す。同図(c)は制御特性を示す。

$\alpha = 30°$より大きくなると抵抗負荷と誘導負荷では直流電圧波形に差が現われ，抵抗負荷では電圧ゼロの期間が生じるのに対し，誘導負荷では直流電流が連続す

---

*　転流時のデバイスの電流の立上がり，立下がりに要する時間

5.1 交流-直流電力変換回路（順変換回路，整流回路，コンバータ）

るので負の電圧が生じ，直流電圧（平均値）と波形が変わる。三相交流の相電圧（実効値）V_Sの波形の交点を制御角$\alpha=0°$とし，通電期間の$2\pi/3$までの正弦波形を積分してそれを通電期間で平均して直流電圧（平均値）V_dは次式となる。

$$V_d = \frac{1}{2\pi}\int_{\alpha}^{\alpha+\frac{2\pi}{3}} \sqrt{2}\cdot V_S\sin\theta\cdot d\theta = \frac{3\sqrt{6}}{2\pi}\cdot V_S\cdot\cos\alpha \\ = 1.17\cdot V_S\cdot\cos\alpha \quad (5.9)$$

この1.17はこの回路の交-直電圧変換係数である。サイリスタの電流は，その通電期間$2\pi/3$ののちに次の電圧の高い相のサイリスタに移る。これを**電源転流**という。直流巻線にはサイリスタのオン電流（直流分）が流れるので直流によ

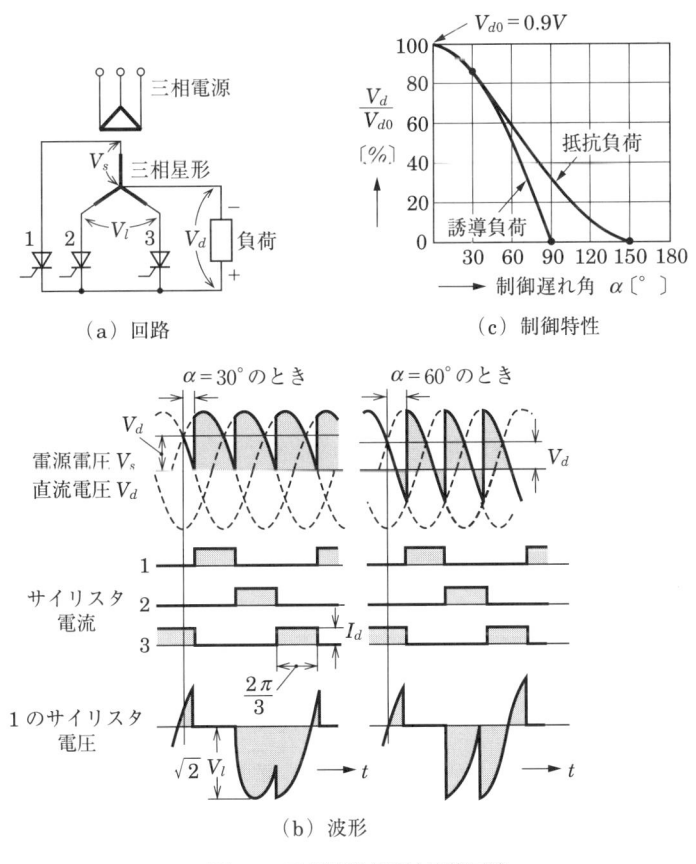

（a）回路

（c）制御特性

（b）波形

図 5.4 三相星形（半波）変換回路

る鉄芯の偏磁を考慮する必要がある。この偏磁を防ぐために直流巻線を千鳥形にする。

直流側と交流側の電流の関係は，変圧器の交流側と直流側の電圧比（巻線比）が等しいとき，直流電流（平均値）I_dと交流電源側の電流（実効値）I_Lとして，

$$I_L = \frac{\sqrt{2}}{3} I_d = 0.47 \cdot I_d \tag{5.10}$$

この0.47はこの回路の交-直電流変換係数である。直流電圧に含まれる高調波の基本波は交流電源の周波数の3倍である。サイリスタのオフ電圧，逆電圧最大値は直流巻線の線間電圧V_lの$\sqrt{2}$倍となる。

2）三相相間リアクトル付二重星形変換回路

1）で述べた三相星形変換回路の二組を図5.5(a)のように三相巻線の両中点を相間リアクトルで結び，その中点と共通の陰極との間に直流リアクトルと負荷を接続する。この回路は二組の三相星形回路を60°の交流電圧の位相差で並列に接続したのと同じである。

同図(b)に$\alpha = 30°$のときの各部の波形を示す。サイリスタに加わる電圧波形は同図のように1）の回路と同じである。直流電流は二組の星形回路が並列のため，1）の回路の2倍となる。

鋸歯状の直流電圧波形に含まれる高調波の基本波の周波数は，60°の位相差で1）の回路を並列に接続しているため，電源周波数の6倍となる。$\alpha = 60°$を超えると直流電圧波形に差が現われ，抵抗負荷に比べて誘導負荷では電圧波形に負の部分が生じるので直流電圧（平均値）が変わる。このため制御特性は同図(c)のよう$\alpha = 60°$を境として変化する。この回路の直流電圧は1）と同じで(5.9)式となり，

$$V_d = 1.17 \cdot V_s \cdot \cos \alpha \tag{5.11}$$

1.17はこの回路の交-直電圧変換係数である。

直流出力電流をI_dとすると，それぞれの三相星形回路の中性点に流れる直流電流は$I_d/2$となる。サイリスタに流れる電流波形は，最大値が$I_d/2$，その通電期間は$2\pi/3$の矩形波である。三相交流電源の線電流（実効値）I_Lは，変圧器の交流／直流側の巻線比を等しいとすれば，

$$I_L = \frac{\sqrt{2}}{\sqrt{3}} \cdot \frac{1}{2} I_d = 0.408 \cdot I_d \tag{5.12}$$

0.408はこの回路のこの巻線比のときの交-直電流変換係数である。

この回路の特徴は，相間リアクトルを必要とするけれども，

(a) 6個のサイリスタ（またはダイオード）を使用するが，デバイスの定格オン電流の2倍の直流電流が得られる。

(b) 変圧器の偏磁がない。

(c) 直流電圧に含まれる高調波の基本周波数が高い（電源の周波数の6倍）ので直流フィルタが小さくて済む利点がある。

この回路は，たとえば低電圧で大電流の電気化学用直流電源などに使用されている。

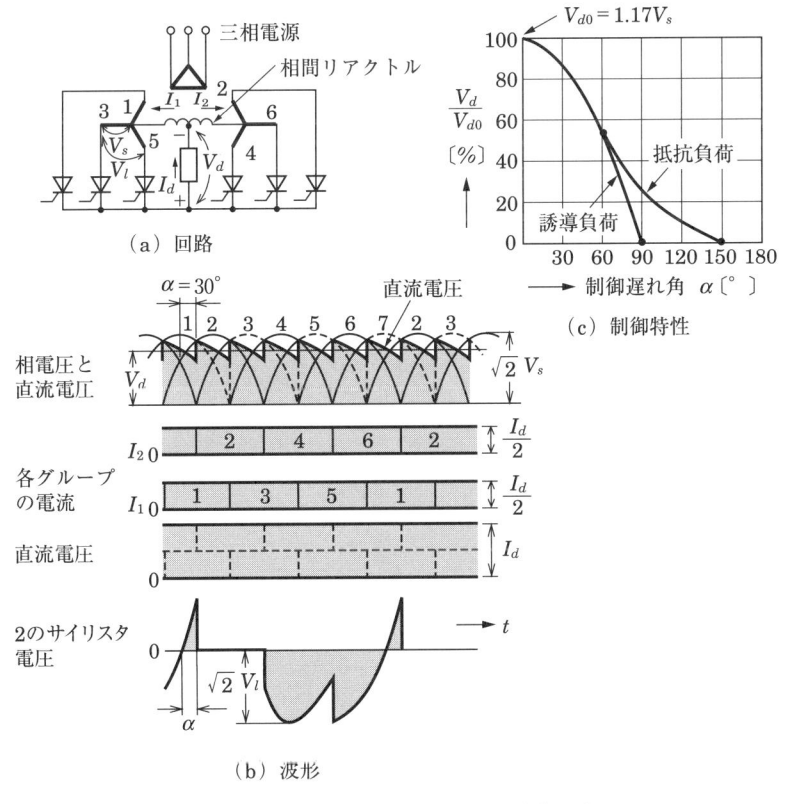

図 5.5 相間リアクトル付二重星形変換回路

3) 三相ブリッジ（全波）変換回路

5.1.1の3）の単相ブリッジ変換回路を三相化した回路で，**図5.6**(a)のように，ある場合には変圧器を省略して三相交流電源に直接に接続できるので，この回路は極めて広く使われている。ただし，事故電流の抑制のため，各相に小さなリアクトルを接続する場合がある。

同図(b)は $\alpha=15°$ と $30°$ のときの各部の波形で，直流電圧波形は5.1.2の1）の三相半波変換回路を二組（陰極を共通とした正グループと陽極を共通とした負グループ）を直列したのと同じとなる。

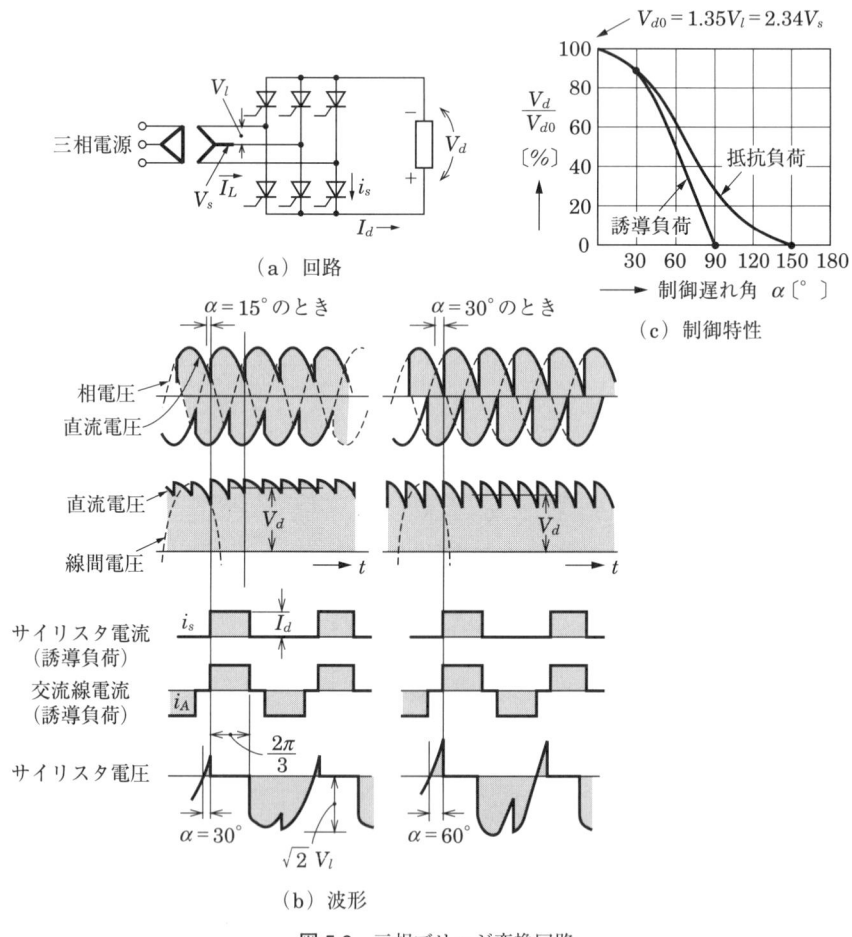

(a) 回路

(c) 制御特性 　$V_{d0}=1.35V_l=2.34V_s$

(b) 波形

図 5.6　三相ブリッジ変換回路

同図(c)は制御特性を示し，$\alpha \geq 30°$では抵抗負荷と誘導負荷の波形と直流電圧平均値が変わる。直流電圧（平均値）V_dを求める際の積分式は，正と負のグループがあるため，(5.9)式の2倍となる。交流線間電圧（実効値）をV_lとすれば（(5.9)式では相電圧V_sであるから）$V_l = \sqrt{3} \cdot V_s$を入れて，V_dは次式となる。

$$V_d = \frac{3\sqrt{2}}{\pi} \cdot V_l \cdot \cos\alpha = 1.35 \cdot V_l \cdot \cos\alpha \tag{5.13}$$

この1.35はこの回路の交－直電圧変換係数である。オン電流波形は同図(b)のように通電期間は$2\pi/3$，最大値はI_dの矩形波となる。交流電流（実効値）I_Lはこの矩形波が上下対象に流れるので，

$$I_L = \frac{\sqrt{2}}{\sqrt{3}} \cdot I_d = 0.816 \cdot I_d \tag{5.14}$$

この0.816はこの回路の交－直電流変換係数である。鋸歯状の直流電圧波形に含まれる高調波の基本波の周波数は，2)の相間リアクトル付二重星形回路と同様，電源周波数の6倍である。この三相ブリッジ回路は，1)の三相星形回路と比較してサイリスタは倍の6個必要であるが，有利な点は，

(a) 変圧器を省略して三相配電系統に直接接続できる（ただし，短絡電流に注意）。

(b) 交流電圧が等しいとき2倍の直流電圧が得られる。

(c) 直流電圧が等しいときサイリスタ（ダイオード）のオフ電圧，逆電圧最大値は1/2となり，低い定格電圧のサイリスタ（ダイオード）を選択できる。

(d) 直流電圧に含まれる高調波の基本波の周波数は電源周波数の2倍となり，直流フィルタが小形・軽量となる。

注意すべき点は，アノードが共通の3個の各サイリスタのゲートはたがいに交流線間電圧に耐えられる絶縁が必要である。上述した6種類の回路はパワーエレクトロニクスでよく使われる回路であるが，とくに三相ブリッジ（全波）変換回路はもっとも代表的な回路である。これらの回路の電圧，電流および係数を比較すると表5.2となる。

上述した各回路の波形および計算式について注意すべき点は，

(a) デバイスとしてダイオードを使用するときは$\alpha = 0°$とすればよい。

(b) 電源側（送・配電系統，受電変圧器）のインダクタンスを無視した波形と

計算式を解説したが,実際にはインダクタンスが存在し,またデバイスが破壊した場合の短絡電流を抑制するため若干のインダクタンス(転流インダクタンスという)を入れておく必要がある。これによってデバイスが電源転流時に重

表 5.2 代表的な電力変換回路と係数

名称			単相半波	単相センタタップ	単相均一ブリッジ	三相半波	三相均一ブリッジ
結線							
基本相数			1	2	2	3	3
パルス数			1	2	2	3	6
無制御直流電圧 $V_{du}(u=0)$			$0.450V$	$0.900V$	$0.900V$	$1.17V$	$1.35V$
交直変換係数	制御直流電圧(平均値) V_{du}/V_{da} $(u=0)$	純抵抗負荷	$\dfrac{1+\cos\alpha}{2}$	$\dfrac{1+\cos\alpha}{2}$	$\dfrac{1+\cos\alpha}{2}$	$0\leq\alpha\leq\dfrac{\pi}{6}:\cos\alpha$ $\dfrac{\pi}{6}\leq\alpha\leq\dfrac{5\pi}{6}:0.577$ $\times\left\{1+\cos\left(\alpha+\dfrac{\pi}{6}\right)\right\}$	$0\leq\alpha\leq\dfrac{\pi}{3}:\cos\alpha$ $\dfrac{\pi}{3}\leq\alpha\leq\dfrac{2\pi}{3}:$ $1+\cos\left(\alpha+\dfrac{\pi}{3}\right)$
		誘導負荷(電流連続)	$\dfrac{1+\cos\alpha}{2}$	$\cos\alpha$	$\cos\alpha$	$\cos\alpha$	$\cos\alpha$
リアクタンス電圧降下*			—	$0.319XI_d$	$0.638XI_d$	$0.478XI_d$	$0.955XI_d$
直流電圧脈動	基本周波数		f	$2f$	$2f$	$3f$	$6f$
	脈動率 δ		3.14	1.57	1.57	0.604	0.140
サイリスタ選択条件	サイリスタオン電流(平均値)		$I_d, 0.500$ $\times\left(1-\dfrac{\alpha}{\pi}\right)I_d$*	$0.500I_d$	$0.500I_d$	$0.333I_d$	$0.333I_d$
	サイリスタオン,逆電圧		$\sqrt{2}V$	$2\sqrt{2}V$	$\sqrt{2}V$	$\sqrt{6}V$	$\sqrt{2}V$
交直電流変換係数	変圧器電流*実効値$(u=0)$	交流巻線	$0.500I_d$	I_d	I_d	$0.471I_d$	$0.816I_d$
		直流巻線	$0.707I_d$	$0.707I_d$	I_d	$0.577I_d$	$0.816I_d$
交直電力変換係数	変圧器容量 $(\alpha=u=0)$	交流巻線	$1.11P_{do}$	$1.11P_{do}$	$1.11P_{do}$	$1.21P_{do}$	$1.05P_{do}$
		直流巻線	$1.57P_{do}$	$1.57P_{do}$	$1.11P_{do}$	$1.48P_{do}$	$1.05P_{do}$
交流線路力率*$(u=0)$			$\dfrac{1+\cos\alpha}{\pi k_a}$	$0.900\cos\alpha$	$0.900\cos\alpha$	$0.826\cos\alpha$	$0.955\cos\alpha$

〔注〕V:交流電圧(実効値), I_d:直流電流(平均値), α:制御角, δ:全振幅脈動率$(\alpha=u=0)$, $k_a=\sqrt{1-\alpha/\pi}$, $P_{do}=V_{do}I_d$
u:重なり角, X:転流リアクタンス, f:電源周波数, ＊印:直流電流が平滑の場合

なり角が生じ，波形，電圧・電流値が少し変わる。

(c) デバイスのオン電圧を無視したが，実際には0.7から2.0V程度はあるため直流出力電圧が低い（たとえば+5V）場合は無視できないときがある。

(d) 実際の電圧，電流波形には基本波だけでなく高次高調波を含むので，上述した各変換回路の電圧，電流変換係数（少数点以下3桁目は四捨五入）は概略値である。

5.1.3 電力変換回路の設計法

例として，5.1.2の3）と表5.2を使って三相ブリッジ（全波）変換回路の設計手順を説明する。

これは概略設計であり，実際にはたとえば電源のインダクタンス，過負荷電流，事故電流，保護用ヒューズ・遮断器の特性，冷却方式などを考慮する必要がある。

図5.7の回路と条件が与えられたとき，□の中に数値を入れて回路を設計する。

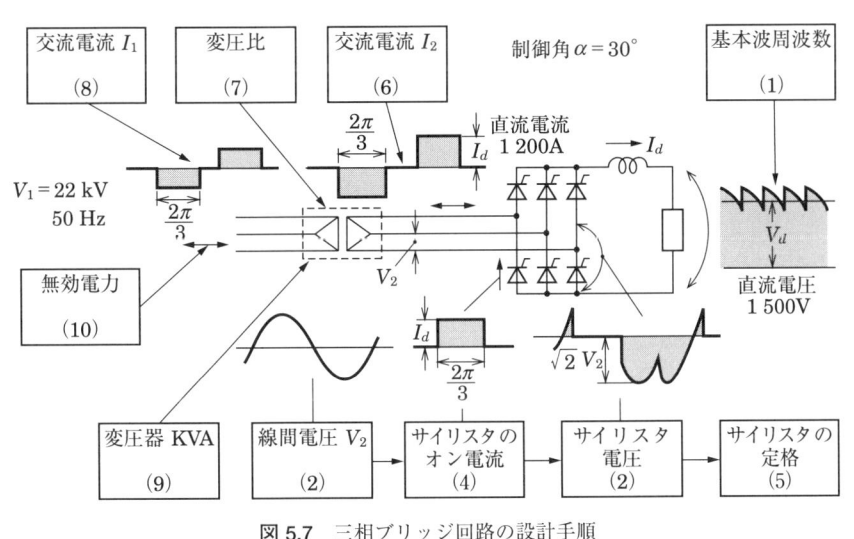

図5.7 三相ブリッジ回路の設計手順

(1) 直流電圧に含まれる高調波の基本波の周波数

　　表5.2から基本波周波数は$6f$であるから$f=50\,\text{Hz}$を入れて<u>300 Hz</u>

(2) サイリスタ側変圧器の線間電圧（実効値）V_2

$\alpha=30°$のとき$V_d=1\,500\,\text{V}$を(5.13)式 $V_d=1.35\cdot V_2\cdot\cos\alpha$ に入れて，$\underline{V_2=1\,283\,\text{V}}$ となる。

(3) サイリスタに加わる逆電圧最大値は，線間電圧の最大値であるから，

$\sqrt{2}\cdot V_2 = 1.414\times 1\,283\,\text{V} = \underline{1\,814\,\text{V}}$

(4) サイリスタのオン電流（平均値）

表5.2から$0.333\cdot I_d$であるから，$0.333\times 1\,500\,\text{A} \fallingdotseq \underline{500\,\text{A}}$

(5) サイリスタの定格オフおよび逆電圧，定格オン電流（サイリスタの選定）

過電圧に対しては避雷器を使用するとして10％以上の余裕，電流に対しては高速ヒューズを使用するとして20％以上の余裕を考えて，定格オフおよび逆電圧（最大値）$\underline{2\,100\,\text{V}}$級，定格オン電流（平均値）$\underline{600\,\text{A}}$級を選択する。

(6) ブリッジ回路の交流線電流（変圧器二次側直流巻線電流）I_2

表5.2から，$I_2 = 0.816\times I_d = 0.816\times 1\,500\,\text{A} = \underline{979\,\text{A}}$

(7) 変圧器の変圧比

変圧比は一次と二次の電圧比であるから，交流電源電圧$V_1=22\,\text{kV}$を(2)の$1\,283\,\text{V}$で割って$\underline{17.14}$となる。

(8) 交流電源側の電流（実効値）I_1

I_1は，(6)のブリッジ回路の電流$979\,\text{A}$を変圧比で割って，$979\,\text{A}/17.14 = \underline{57.1\,\text{A}}$ となる。

(9) 変圧器のkVA

変圧器（一次側）kVAは，$\sqrt{3}\cdot V_1\cdot I_1$であるから，

$\sqrt{3}\cdot V_1\cdot I_1 = \sqrt{3}\times 22\,\text{kV}\times 57.1\,\text{A} = \underline{2\,173\,\text{kVA}}$

(10) 上記の条件のときに交流電源の無効電力kVA

制御角$\alpha=30°$であるから，

(a) 交流電源の$2\,173\,\text{kVA}\times\sin 30° = 2\,173\times 0.5 = \underline{1\,086\,\text{kVA}}$

(b) 直流側電力は$1\,500\,\text{V}\times 1\,200\,\text{A} = 1\,800\,\text{kW}$，直流側からkVAを求めると，$1\,800\,\text{kW}\times\tan 30° = \underline{1\,044\,\text{kVA}}$

(a)と(b)の数値の差は，交流と直流との変換係数，実効値は基本波のみとするか，高調波を含めるか，計算上の四捨五入による。

5.2 交流－交流電力変換回路

表5.1のように，商用周波の電力系統を電源とし，それを負荷側が必要とする交流電力に変換する交流－交流電力変換回路には次の方法がある。

(1) 交流電力調整回路　交流電圧波形をそのまま利用する方法。
(2) 交流電力直接変換回路　電源周波数より低い周波数の電力に変換する方法。
(3) 交流電力間接変換回路　交流－直流－交流による電力変換方法で，直流を介するため両交流系統の電圧と周波数は無関係。

5.2.1 交流電力調整回路

デバイスとしてサイリスタまたはトランジスタを使用する方法がある。

1）サイリスタ

電源が単相の場合，図5.8(a)の回路のように，電源と負荷の間にデバイスユニット（逆並列接続のサイリスタ）を接続し，そのオン信号の位相を制御して負荷側への電力を制御する。この方法は電源側の電圧波形の一部分をサイリスタを介して負荷に加えて電力を制御する。

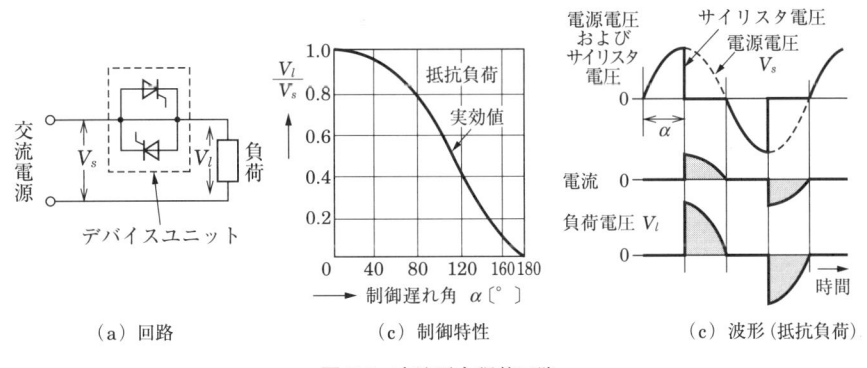

(a) 回路　　　　(c) 制御特性　　　　(c) 波形(抵抗負荷)

図 5.8　交流電力調整回路

(1) 抵抗負荷　同図(b)のように，抵抗負荷の場合は $\alpha=180°$ で電圧はゼロとなる。α を大きくする程負荷電流の位相は電源電圧に対して遅れるので，同図(c)

の波形のように交流電源の力率は悪くなる。この回路は例えば白熱電球の調光器として家庭用，劇場用で使用している。

(2) 誘導負荷　誘導負荷では，インダクタンスが大きい程電流の通電期間が長くなるので，負荷に加わる電圧波形は複雑になるが$\alpha=180°$で電圧はゼロになる。抵抗負荷，誘導負荷ともサイリスタには電源電圧の最大値$\sqrt{2}\,V_s$が加わる。

(3) コンデンサ負荷　コンデンサの充電電流の位相は交流電圧よりも90°進んでいるので，電流のゼロ点でサイリスタをオンさせる。サイリスタに加わる電圧は，コンデンサの端子電圧に電源電圧が重畳するので，サイリスタには電源電圧最大値の2倍の電圧が加わるのでデバイスの定格電圧の選定に注意を要する。この回路は力率改善用コンデンサの無接点スイッチに使用される。

(4) 通電サイクル制御　制御ユニットを**図**5.9のように通電サイクル制御すれば負荷側への電力を制御することができる。

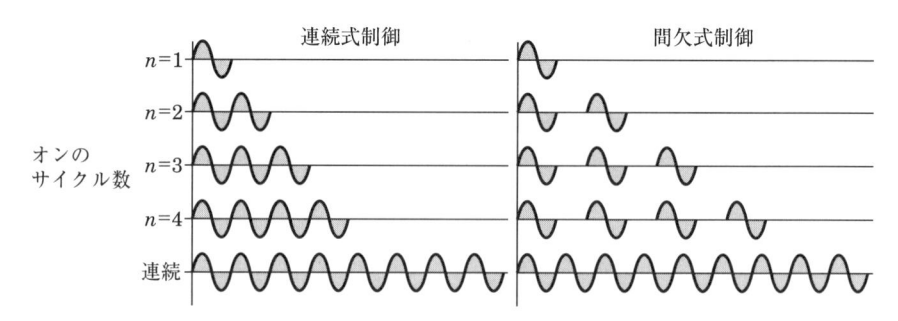

図 5.9　交流通電サイクル数制御による電力制御

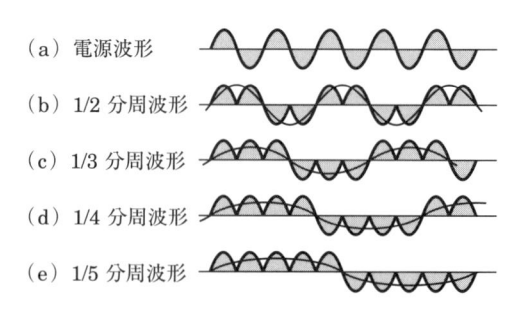

図 5.10　交流半波の通電サイクル数制御による可変周波数変換

制御ユニットの正側と負側のサイリスタの通電サイクル数を別々に制御すると，**図5.10**のように負荷側は電源周波数より低い可変周波数の電力となる。

上述した回路と波形は単相であるが，三相回路を構成すれば三相負荷への電力および周波数を制御できる。

2）トランジスタ

図5.8のデバイスユニットを自己オン・オフ機能をもった，たとえばIGBTで構成し，その通電幅の中心を電圧の位相と一致させて制御すると，**図5.11**の波形のように負荷への電力を制御できる。この方式では交流電流と交流電圧の位相が一致しているので，負荷の力率は1となる利点がある。

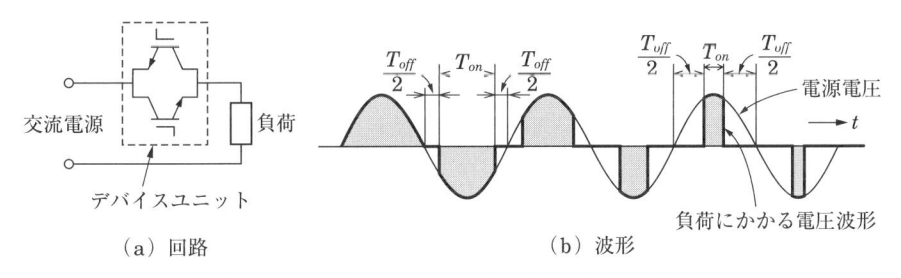

（a）回路　　　　　　　　　　（b）波形

図 5.11　オフ機能をもつデバイスを使用した単相電力制御

5.2.2　交流電力直接変換回路

図5.12(a)のように変圧器に二次巻線を二組付け，それぞれの巻線に三相ブリッジ回路を循環電流抑制用直流リアクトルを介して逆並列に接続する。二つの直流リアクトルの中点の間に負荷を接続する。このような回路構成をサイクロコンバータという。

1）サイクロコンバータ（位相を制御したとき）

二組のブリッジ回路を**正群**，**負群**とし，電圧の零線に対して上下対象的な位相制御によって同図(c)のように三相交流電源の電圧，周波数とは異なる単相の交流電力をリアクトルの中点間から得られる。

サイクロコンバータで得られる出力周波数は，電源周波数の約1/2を上限として，それ以下の低周波領域で可変制御できる。出力の低周波単相交流電圧に含まれる同図(b)の鋸歯状の高調波は，直流リアクトルによって同図(c)のように低減される。この回路は三相電源から低周波の単相に電力変換できる。

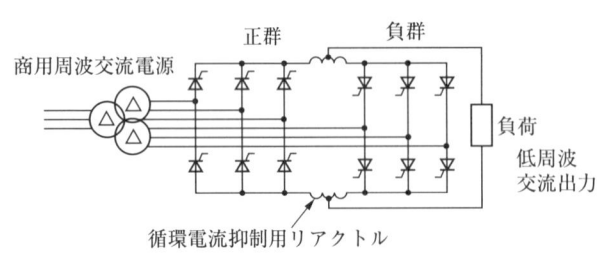

(a) サイクロコンバータの基本回路

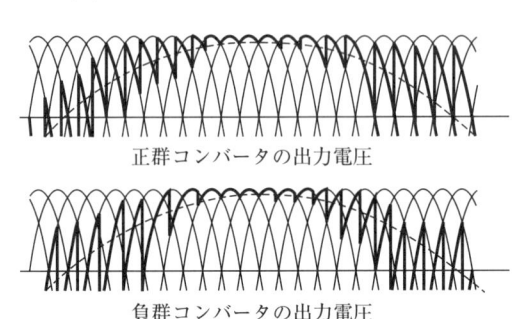

(b) 正群と負群の出力電圧波形

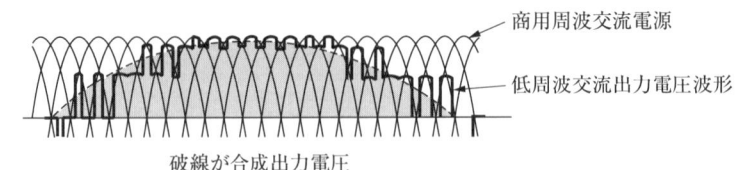

(c) 出力電圧波形（半波のみ示す）

図 5.12 サイクロコンバータ回路と出力側低周波単相交流波形

2）サイクロコンバータ（位相を無制御のとき）

図5.12は位相制御した場合であるが，位相を固定してデバイスをオン・オフすると図5.13のように電源電圧の包絡線のような，電源よりも低い可変周波数の単相交流電力を得ることができる。

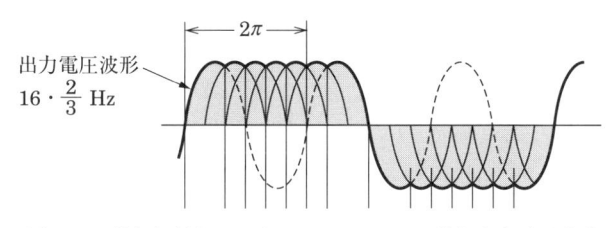

出力電圧波形
$16 \cdot \frac{2}{3}$ Hz

図 5.13 位相無制御のサイクロコンバータの単相出力電圧波形

5.2.3 交流電力間接変換回路

1） 基本構成

図5.14(a)のように，二つの交流系統を直流回路を介して接続した構成を交流電力間接変換回路といい，次の特徴がある．
　（a）電圧，周波数の異なる二つの交流系統を結び，電力の融通ができる．
　（b）交流電源と負荷との間の電力の流れる方向と量を可逆・回生制御できる．
　（c）負荷側の交流電圧，周波数は電源側に無関係に選定，制御できる．
交流電力間接変換の方式は，ゲートの位相制御の方法について，
　（a）制御の位相の基準を出力側から取る制御方法を**自制式**（同図(b)）
　（b）独立した制御装置から取る制御方法を**他制式**（同図(c)）
がある．また，直流回路については，
　（a）直流リアクトルのため直流電流の向きが不変の**電流形インバータ**（同図(d)）
　（b）直流コンデンサのため直流電圧の極性が不変の**電圧形インバータ**（同図(e)）
に分類できる．

電力の流れの方向の可逆制御（たとえば，電動機の加速，減速，回生）には，直流回路の直流電圧の極性を可逆にするか，または直流電流の方向を可逆にする．

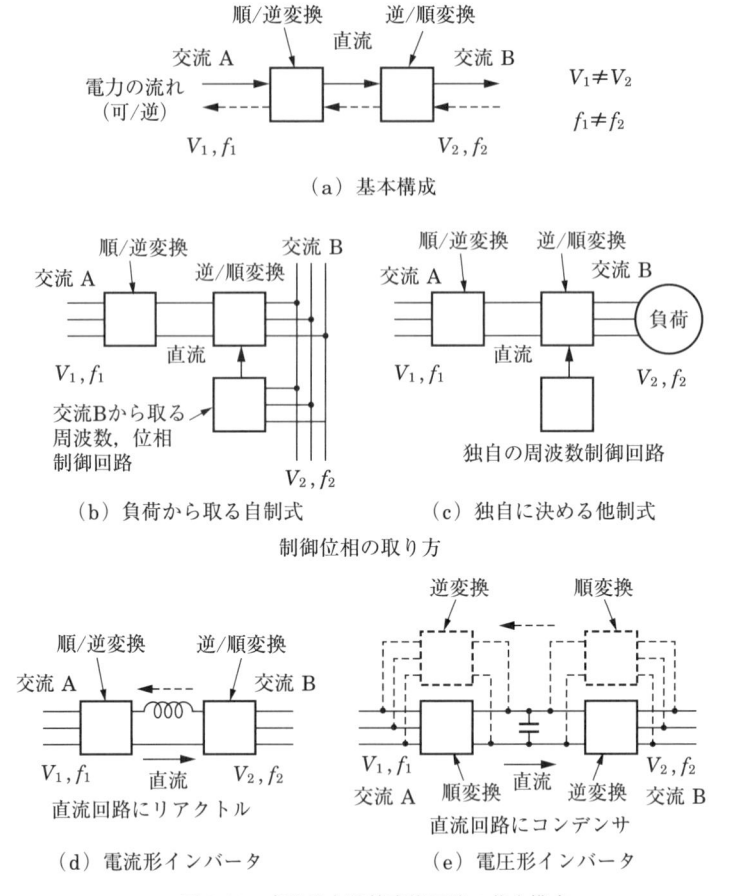

```
                        順/逆変換    逆/順変換
                 交流 A     ↓    直流    ↓    交流 B
           電力の流れ  →  ┌──┐  →  ┌──┐  →         $V_1 \neq V_2$
             (可/逆)    └──┘  ←  └──┘  ←         $f_1 \neq f_2$
                          $V_1, f_1$      $V_2, f_2$

                              (a) 基本構成
```

```
         順/逆変換    交流 B                    順/逆変換  逆/順変換
    交流 A   ↓   逆/順変換                  交流 A   ↓     ↓    交流 B
      ──┌──┐──┌──┐──                       ──┌──┐──┌──┐──○ 負荷
         └──┘  └──┘                             └──┘  └──┘
           直流   │                                直流   │
    $V_1, f_1$   │                          $V_1, f_1$   │      $V_2, f_2$
                ┌──┐                                   ┌──┐
   交流Bから取る  │  │                                  │  │
   周波数, 位相  │  │                              独自の周波数制御回路
   制御回路    └──┘
                    $V_2, f_2$

    (b) 負荷から取る自制式              (c) 独自に決める他制式
                          制御位相の取り方
```

```
       順/逆変換  逆/順変換                            逆変換        順変換
   交流 A  ↓   ⌒⌒⌒  ↓  交流 B                   ┌ ─ ─ ┐      ┌ ─ ─ ┐
     ──┌──┐──────┌──┐──                        ↓     ↑      ↓     ↑
        └──┘       └──┘                   ──┌──┐──┬──┌──┐──
    $V_1,f_1$  直流  $V_2,f_2$                  └──┘  ═  └──┘
                                           $V_1,f_1$ 順変換  直流 逆変換  $V_2,f_2$
                                            交流 A                       交流 B
        直流回路にリアクトル                       直流回路にコンデンサ

      (d) 電流形インバータ                      (e) 電圧形インバータ

                    図 5.14  交流電力間接変換回路の基本構成
```

電流形インバータは図5.15(a)のように，直流回路のリアクトルのため直流電流は流れ続けるので直流定電流源となり，電流の方向を変えられないので，電力の逆送にはデバイスの位相制御により直流電圧の極性を変えるほかはない。

電圧形インバータは同図(b)のように，直流電圧の極性は，コンデンサ，または蓄電池で固定された直流定電圧電源となり，急には反転できないので電力の逆送には直流電流の方向を変えるほかはない。このため，電圧形インバータには別置の順変換回路と逆変換回路が必要となる。電流形インバータは大容量の周波数変換，直流送電に，電圧形インバータは中・大容量の電動機の可逆制御に使用さ

れる。

(a) 電流形インバータ

```
　　　　　━電力の流れ━▶
　　　直流
　順変換　リアクトル　逆変換
┤├─┌─────┐─∩∩∩─┌─────┐─┤├
　　│オン・オフ│　　　│オン・オフ│
┤├─│デバイス │─∩∩∩─│デバイス │─┤├
　　└─────┘　　　└─────┘
　逆変換　　　　　　　順変換
　　　━電力の流れ━
```

直流電流の方向は変えられないため，電力の流れの方向を変えるときは順・逆変換の機能を逆にする

(b) 電力方向可逆の電圧形インバータ

```
順変換　コンデンサ　逆変換
┌─────┐　　　┌─────┐
│ダイオード│─┬─│オン・オフ│
└─────┘ │ │デバイス │─ システムA
　　　　　　 │ └─────┘   ─ ─ ─ ─
┌─────┐ │ ┌─────┐    システムB
│オン・オフ│─┴─│ダイオード│
│デバイス │　　└─────┘
└─────┘
　逆変換　　　　　順変換
　　　━電力の流れ━
```

直流電圧の極性は変えられないため，電力の方向を変えるときはシステムBを使用して直流電流の方向を変える

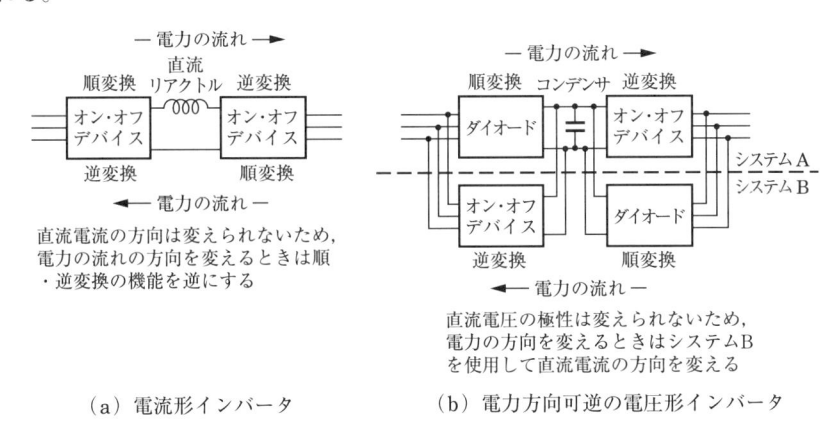

図 5.15　電流形インバータと電圧形インバータの構成

次に**電流形インバータ**において制御角αと直流電圧の極性の関係を説明する。

2) 直流から交流への電力変換（サイリスタを使用したとき）

たとえば図5.4(c)の三相星形変換回路のα制御特性のように，誘導負荷のとき$\alpha=0°$から$90°$では交流から直流に電力が流れて**順変換**領域を示し，$\alpha=90°$で直流電圧はゼロとなる。αを$90°$より大きくすると，**図5.16**の波形のように直流電圧の極性は逆になり**逆変換**領域に入って，端子には「見掛けの直流電圧」が現われる。このようにαの制御により変換回路の直流電圧の極性は容易に可逆となる。**図5.17**に制御角と直流電圧の関係を示す。

サイリスタは自己オフ機能がなく，数十から数百マイクロ秒〔μs〕の転流ターンオフ時間が必要なため，$\alpha=180°-\gamma$（γ：転流ターンオフ時間よりも少し大きい**転流余裕角**）までしか位相制御できない。$\alpha=90°$から$(180°-\gamma)$の範囲で，この見掛けの直流電圧の極性で，かつこれより高い直流電圧を順変換回路から加えると直流電力は交流側に流れ，逆変換運転となる。

すなわち，$\alpha=0°$から$(180°-\gamma)$の範囲で位相制御すると変換回路は順変換⇄逆変換の可逆運転が可能となる。

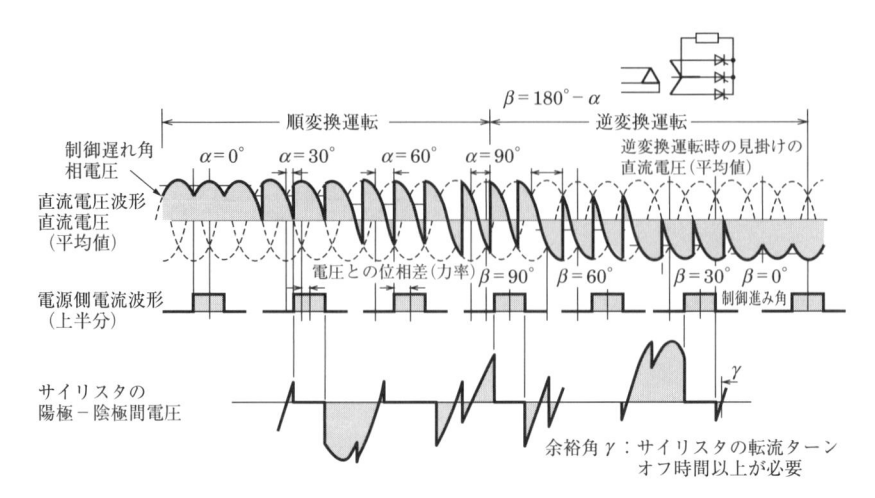

図 5.16 制御角 α を $0°$ から $180°$ の期間で制御したときの各部の波形

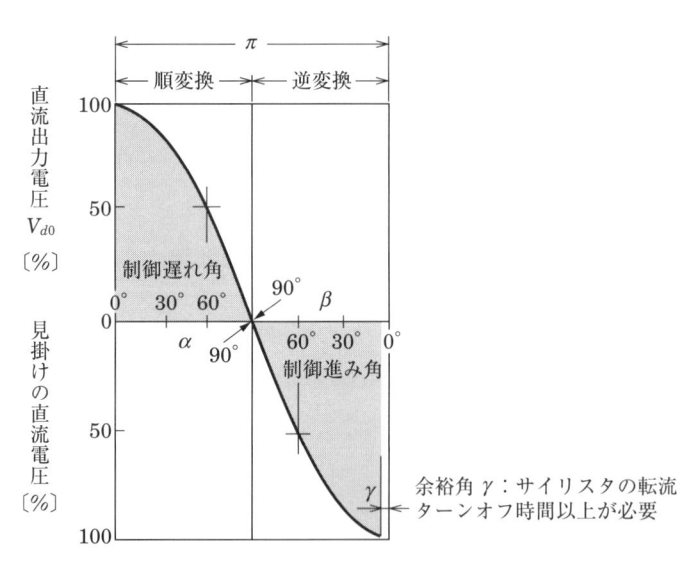

図 5.17 制御角 α と直流出力電圧，見掛けの直流電圧

3) 電力の流れの方向および電力量の制御

図5.18のように交流系統A, Bがあるとき，交流を直流に変換する順変換回路の出力直流電圧をV_{dA}，直流を交流に変換する逆変換回路の（見掛けの）直流電圧をV_{dB}とする。理解し易くするため直流回路は切り離してある。同図の(a)と(b)のV_{dA}とV_{dB}が同極性で，かつ直流電圧に差があるとき電力はAからBに，またBからAに流れ，その電力量はV_{dA}とV_{dB}の差の大きさで制御することができる。同図(c)では直流短絡となるので運転不能である。同図(d)では直流電流は流れず，電力は流れない。

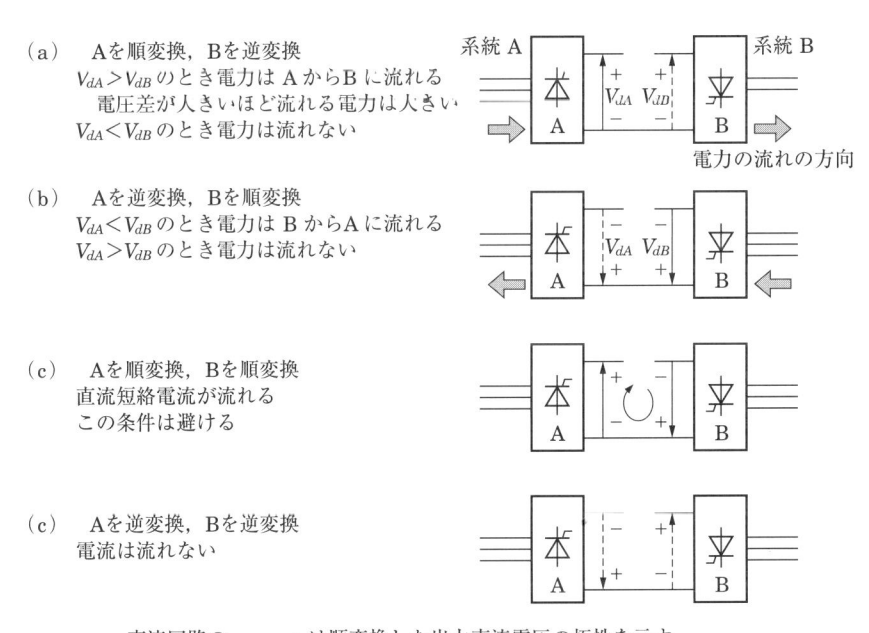

(a) Aを順変換，Bを逆変換
  $V_{dA}>V_{dB}$のとき電力はAからBに流れる
  電圧差が大きいほど流れる電力は大きい
  $V_{dA}<V_{dB}$のとき電力は流れない

(b) Aを逆変換，Bを順変換
  $V_{dA}<V_{dB}$のとき電力はBからAに流れる
  $V_{dA}>V_{dB}$のとき電力は流れない

(c) Aを順変換，Bを順変換
  直流短絡電流が流れる
  この条件は避ける

(c) Aを逆変換，Bを逆変換
  電流は流れない

　　直流回路の ───▶ は順変換した出力直流電圧の極性を示す
　　直流回路の ---▶ は逆変換動作の見掛けの直流電圧の極性を示す
　　実際には，変換回路A, Bは直流回路で接続されているが，上図では理解しやすいように回路を開いて説明した

図5.18 交流電力間接変換回路（自制式：電流形インバータ）の動作

4) 電流形インバータ，電圧形インバータ

交流電力間接変換回路において，電力が流れる方向を可逆制御するには，中間の直流部分の直流電圧の極性を可逆にするか，または直流電流の流れる方向を可

逆にするかしかない。電力の可逆制御には次の方法がある。
  (a) 直流電流の方向を変えずに直流電圧の極性を可逆にする電流形インバータ。
  (b) 直流電流の方向を可逆にし直流電圧の極性を変えない電圧形インバータ。

表 5.3 電流形インバータと電圧形インバータの比較

	(a) 電流形インバータ	(b) 電圧形インバータ
主回路構成	サイリスタ　GTO 電源―〔整流回路〕―〔インバータ〕―負荷（電動機） ゲート制御により電力回生は可能	ダイオード　トランジスタ 電源―〔整流回路〕―〔インバータ〕―負荷（電動機） 電力回生用インバータ　GTO
出力波形の特徴	電流波形は方形波	電圧波形は方形波
回路構成上の特徴	① 逆並列のダイオードは不要 ② 直流電源は電流源	① トランジスタに逆並列にダイオードを接続する。 ② 直流電源は電圧源
特性上の特徴	① 電力回生時は，順変換回路を逆変換動作させる。 ② サイリスタにより，短絡事故でもゲート遮断保護できる。 ③ 電動機の四象限運転が必要な用途に適する。	① 回生時，直流電流が反転するので回生用インバータを別に接続しないと，交流電源への回生ができない。 ② 直流回路のコンデンサにより，インバータが短絡時に大きな電流が流れる。 ③ 電動機の位置方向運転や揃速運転の用途に適する。

負荷側は商用の送・配電系統が接続されておらず，電動機の場合の電流形インバータと電圧形インバータを比較すると**表5.3**のようになる。そのおもな特徴は，

(1) 主回路構成　電圧形インバータで電動機を制動（電力回生）するには同図のように，トランジスタ逆変換回路とは別の順変換回路で回生電力を直流回路のコンデンサに充電する。その充電エネルギーを電力回生用インバータで交流電力に変換し，電力を電源に回生する。電圧形インバータでは二組の順変換，および逆変換回路が必要で，これにより直流電流の方向は可逆となる。

(2) 波形　電流形インバータでは連続する直流電流をデバイスでオン・オフ

するので，三相負荷への相電流波形は正・負対象の方形波となり，交流電圧波形は交流回路のインダクタンスにより正弦波に近くなる。電圧形インバータでは電圧源のコンデンサ電圧をデバイスでオン・オフするので，負荷の交流電圧波形は正・負対象の方形波となり，相電流波形は交流回路のインダクタンスにより正弦波に近くなる。

電流形，電圧形インバータについては5.4節の直流―交流電力変換回路の項でも解説する。

5.3　直流-直流電力変換回路

順変換回路あるいは各種電池（たとえば，鉛電池，Ni-H_2電池，太陽電池，燃料電池）を直流電源として，その電力を負荷が必要とする電圧の直流電力に変換するには次の回路がある。

(a) 直流直接変換回路
(b) 直流間接変換回路

両回路とも直流電源を高周波でオン・オフ動作させるデバイス（たとえば，トランジスタ，MOSFET，IGBT）を使用して希望する直流電力に変換させるのが基本である。

5.3.1　直流電力直接変換回路（チョッパ回路）

基本構成は，直流電源と直流を必要とする負荷の間にデバイスとその制御装置からなるチョッパ（記号は[Ch]）を接続する。その機能として，

(a) 直流電源よりも低い直流電圧の範囲で制御する**降圧チョッパ**
(b) 直流電源よりも高い直流電圧の範囲で制御する**昇圧チョッパ**

がある。デバイスをオン・オフ動作させるとき，そのオン，オフの幅（パルス幅）を制御する方法として通常**パルス幅変調**（Pulse Width Modulation：PWM）方式を使用する。

1）降圧チョッパ回路

図5.19に降圧チョッパ回路とPWM制御による負荷に加わる直流電圧波形，および直流電圧平均値（太線）を示す。負荷が誘導性のときのインダクタンスのエ

ネルギーを還流させるためにダイオードDを接続する。

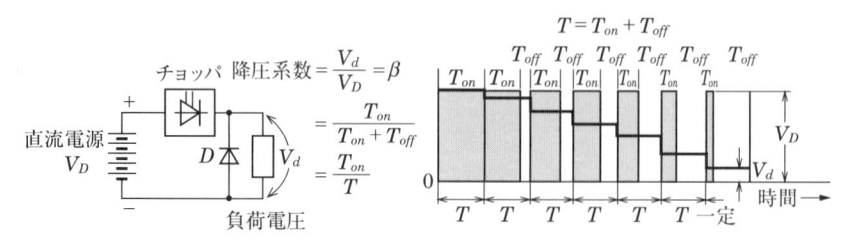

図 5.19 降圧チョッパ回路と降圧特性

同図で直流電源電圧をV_D，チョッパ[Ch]のオン期間をT_{on}，オフ期間をT_{off}，その周期T（$=T_{on}+T_{off}$）を一定としてT_{on}を変えるPWM制御によって，負荷の直流電圧平均値V_d次式となる。

$$V_d = V_D \cdot \frac{T_{on}}{T} = V_D \cdot \frac{T_{on}}{T_{on}+T_{off}} = V_D \cdot \beta \tag{5.15}$$

βを降圧係数という。T_{on}を小さくするほど直流電圧V_dは小さくなる。同図のように負荷の直流電圧波形は櫛の歯のように大きな高調波成分を含むので，負荷側にインダクタンスLとコンデンサCからなるフィルタ回路を接続して波形を平滑化する。Cの端子電圧が直流電圧（平均値）となる。

2) 昇圧チョッパ回路

図5.20のように[Ch]がオフのときはコンデンサCは直流電圧V_Dに充電されている。[Ch]をオンするとインダクタンスLと[Ch]を通ってi_{ch}が流れ，Lにはi_{ch}に応じたエネルギーが蓄積される。ある期間後に[Ch]をオフすると，Lに蓄積されたエネルギーはダイオードDを通ってCを充電してi_cが流れ，Cの端子電圧にこの蓄積エネルギー分だけ重畳して負荷の直流電圧V_dはV_Dよりも高くなる。インダクタンスLが大きいほど，また[Ch]のオン期間T_{on}が長いほどLに蓄積されるエネルギーは大きくなるので，Cに重畳する電圧は高くなり，V_dは高くなる。

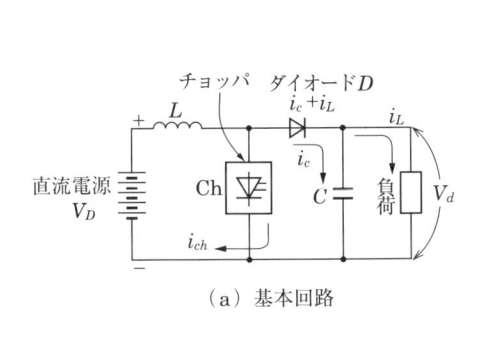

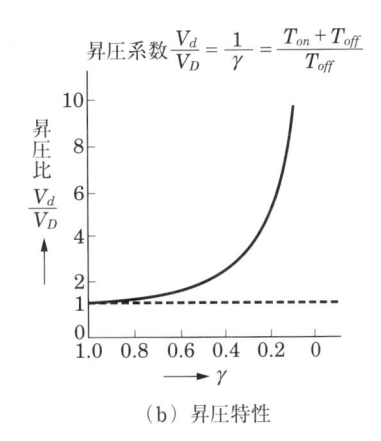

図 5.20 昇圧チョッパ回路と昇圧特性

オフ期間をT_{off}，周期をTとすれば，負荷の直流電圧平均値V_dは，

$$V_d = V_D \cdot \frac{T}{T_{off}} = V_D \cdot \frac{1}{\gamma} \tag{5.16}$$

この$1/\gamma$を昇圧係数という．オフ期間T_{off}を小さく（すなわち，T_{on}を大きく）すればV_dは大きくなる．

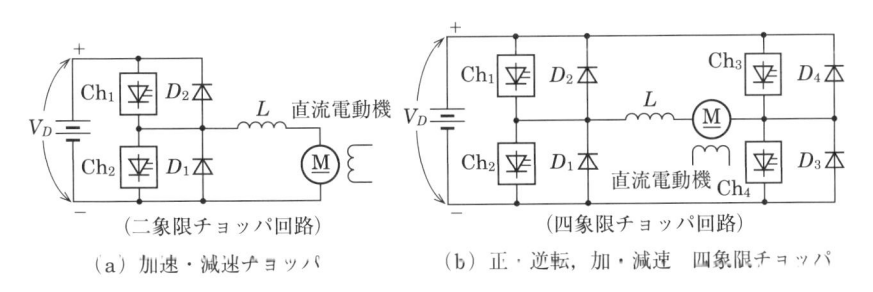

3) 多象限チョッパ回路（二象限チョッパ回路，四象限チョッパ回路）

図5.21(a)のように二つのチョッパCh_1，Ch_2とインダクタンスLを組み合わせると負荷の直流機を加速および減速（電力の回生）の二象限運転ができる．Ch_2をオフした状態で，Ch_1をPWM制御すると直流電圧をゼロから電源の直流電圧まで制御できるので，直流機の力行・加速させる降圧チョッパとなる．

図 5.21 多象限チョッパ回路

Ch_1をオフして，Ch_2をPWM制御するとLとD_2により，直流機の逆起電力を電源とした昇圧チョッパとして動作し，逆起電力を直流電源に回生して直流機を減速・停止させる．D_1，D_2はフィードバックダイオードで，Lは加速時の直流電流を平滑にするとともに，回生時にはエネルギーを蓄積する機能がある．V_Dの短絡を防ぐためCh_1とCh_2は同時にオンさせてはならない．

同図（b）のように，同図（a）を二組使用すれば直流機の一方向の加速・減速（停止）および逆方向の加速・減速（停止）すなわち四象限運転ができる．

直流チョッパ回路は直流電源のオン，オフで出力電圧を制御するので，負荷側の直流電圧の高調波成分は大きい．この高調波成分をできるだけ減らすため，図5.22のように直流電源を多段化し，それぞれにチョッパ回路をそれぞれを協調をもって制御する．これを多相チョッパ回路という．

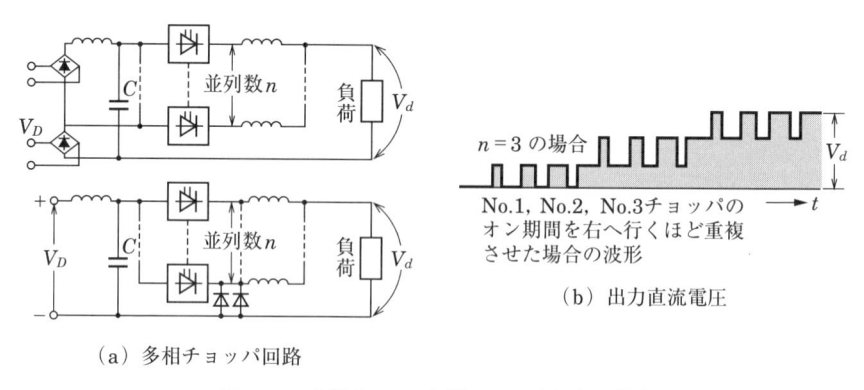

（a）多相チョッパ回路

（b）出力直流電圧

図5.22 多相チョッパ回路による高調波の低減

直流チョッパ回路は，1970から1980年代，架線電圧1500Vの地下鉄および近郊通勤電車の直流電動機の駆動用に広く使用されたが，現在では電圧形インバータによる誘導電動機の駆動に変わっている．

5.3.2 直流電力間接変換回路

電源の直流電圧をいったん交流電圧に変換し，再び負荷が必要とする直流電圧に変換する「直流－交流－直流」構成の電力変換を直流間接変換回路という．主たる応用分野は電子回路用定電圧直流電源であり，標準的な直流出力電圧は0.8

から数10V程度まで，直流出力は1ユニットあたり数Wから数kW程度まで用途によってその範囲は広い。

　交流部分を構成する変圧器，リアクトル，平滑用コンデンサは周波数が高いほど電力損失を小さく，小形・軽量化にできるので，中間の交流回路の周波数は500kHzから1MHzが一般的である。高周波化にはデバイスとしてMOSFET，またはIGBTを使用し，オン・オフ，またはPWM方式によるオン・オフ動作で出力直流電圧を一定に制御する。高周波の交流から直流に変換する際，小さい順損失，および小さい逆回復損失の高周波ダイオード，またはショットキーバリアダイオードを使用する。直流間接変換回路を大きく分類すると図5.23のようになる。

```
                 電圧・電流波形       変圧器の動作        回路構成
               ┌ 非共振形       ┌ フォワード ─┬ 一石フォワード形
               │ (昇圧および降圧形) │          └ 二石フォワード形
直流間接 ─────┤               └ プッシュプル ┬ プッシュプル形
変換回路        │                            ├ ハーフブリッジ形
               │                            └ フルブリッジ形
               └ 共振形 ──────────────────┬ 直列共振形
                 (省エネ回路)                └ 並列共振形
```

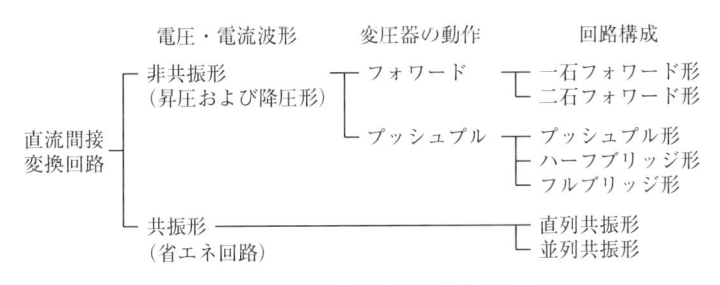

図 5.23　直流間接変換回路構成の分類

　同図のように，回路構成を電流波形から分類すると，

(1) **電流オン・オフ形**　デバイスのPWM制御でデバイスの電流を強引にオン・オフする。この場合，デバイスにとってターンオン損失，ターンオフ損失が大きい。

(2) **電流共振形**　回路を共振条件にして電流波形にゼロ点をつくり，そのゼロ点近傍で電流をオン・オフするので，デバイスにとってターンオン損失，ターンオフ損失はきわめて小さく，省エネ回路である。しかし，負荷の変動によって共振条件は変わる。

　直流間接変換回路は多数あるが，次に代表例を説明する。

1）電流オン・オフ形間接変換回路

(1) **フォワード形間接変換回路**　回路と各部の波形を図5.24に示す。デバイスQがオンすると変圧器一次巻線に直流電源V_Dが加わり，巻線比で決まる電圧

が二次巻線に誘起する。この電圧を高周波用ダイオードDで整流して直流V_dに変換する。Qがオフしている期間に変圧器をリセットしなければならないので，オン期間は通常1サイクルの1/2以下である。この回路は変圧器の偏磁に注意が必要である。

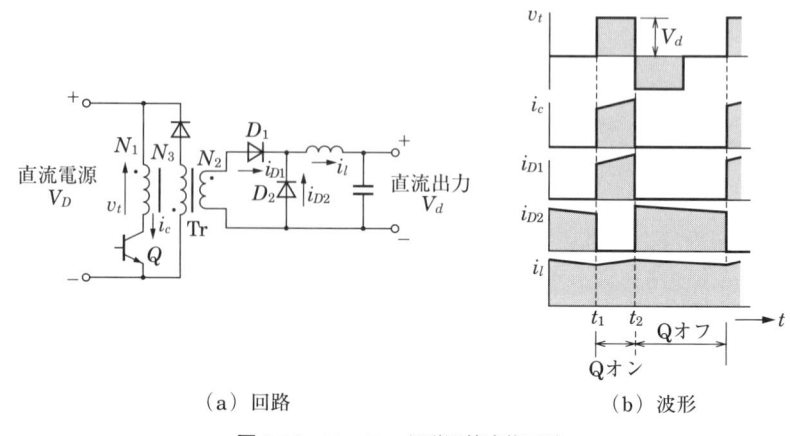

(a) 回路　(b) 波形

図 5.24　フォワード形間接変換回路

(2) フライバック形間接変換回路

回路を図5.25に示す。変圧器の一次，二次巻線を逆極性にしておく。

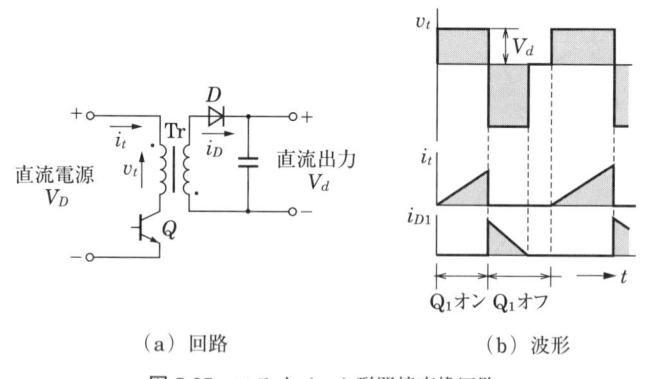

(a) 回路　(b) 波形

図 5.25　フライバック形間接変換回路

デバイスQをオンすると変圧器の一次巻線が直流電源V_Dで励磁され，励磁エ

ネルギーが変圧器に蓄積される。デバイスをオフすると，蓄積されたエネルギーは巻線比をもった二次巻線に電圧が誘起するので，それを単相半波整流回路のダイオード D で整流して出力直流電圧 V_d を得る。

この回路は部品点数が少なくて済む利点があるが，大きな励磁電流を高周波でオフすることになり，デバイスに大きなターンオフ損失が発生する。

(3) プッシュプル形間接変換回路　回路と各部の波形を図5.26に示す。変圧器の一次，二次側巻線ともセンタータップ付き回路を構成し，デバイス Q_1, Q_2 を交互に高周波でオン・オフさせると変圧器の二次側には巻線比で定まる高周波の矩形状の交流電圧が発生する。それを高周波用ダイオード D_1, D_2 で整流して出力直流電圧 V_d を得る。この回路の出力直流電圧は矩形状のため直流フィルタは小形・軽量になる利点がある。二つのデバイスのオン期間が等しくないと変圧器は偏磁することがある。

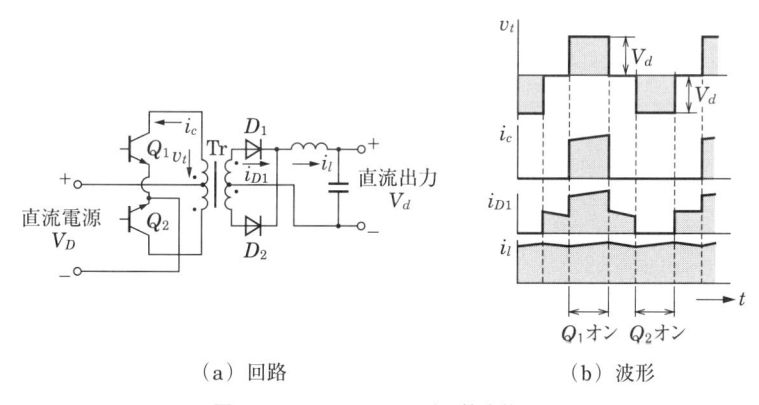

（a）回路　　　　　　（b）波形

図 5.26　プッシュプル形間接変換回路

(4) ハーフブリッジおよびフルブリッジ形間接変換回路　ハーフブリッジ形回路を図5.27(a)に示す。同図のように，変圧器の直流電源側はコンデンサ C_1, C_2 とデバイス Q_1, Q_2 で構成する。変圧器一次巻線にはデバイスのオンによりコンデンサで分圧された $1/2\ V_D$ の交流電圧が加わり，二次側には巻線比で定まる矩形状の交流電圧が誘起し，それを D_1, D_2 で整流して出力直流電圧 V_d を得る。コンデンサを経て一次巻線に電流が流れるので，直流分はカットされ変圧器の偏磁は起こりにくい。

（a）ハーフブリッジ形回路　　　　（b）フルブリッジ形回路

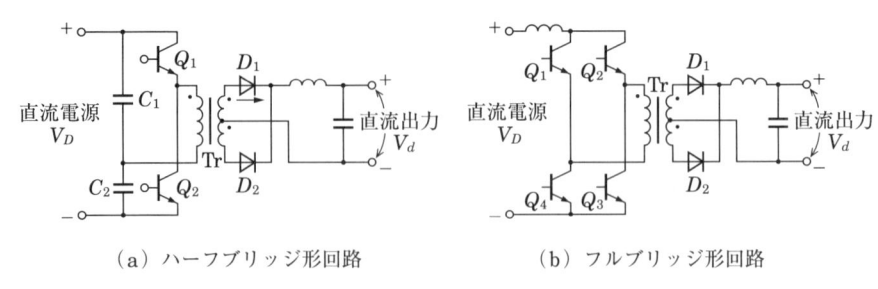

図 5.27　ハーフブリッジ形，フルブリッジ形間接変換回路

　フルブリッジ形回路を同図(b)に示す。このように，プッシュプル形と比較して変圧器一次巻線の中点端子を省略し，4個のデバイスQ_1からQ_4を用いる。一次巻線の電流は1/2サイクルごとに2個のデバイスを直列に流れる。デバイス4個を必要とするが，デバイスの定格電圧はプッシュプル形の1/2ですむ利点がある。Q_1とQ_4，またはQ_2とQ_3を同時にオンすると，直流電源を短絡することになるので，この状態を避けて制御する。代表的な直流間接変換回路の要点をまとめると**表5.4**となる。

表 5.4 代表的な電流オン・オフ形間接変換回路の要点

	(a) フライバック形	(b) プッシュプル形	(c) フォワード形
回路方式 $\begin{pmatrix} V_i: 入力電圧 \\ V_o: 主力電圧 \\ n_1, n_2: 巻回数 \end{pmatrix}$			
トランジスタに加わる電圧	$V_i + \dfrac{n_1}{n_2} V_o$	$2V_i$	$V_i\left(1 + \dfrac{T_{off}}{T_{on}}\right)$
トランジスタ電流ピーク値	$I_p = 2\dfrac{P}{V_i}\left(1 + \dfrac{T_{off}}{T_{on}}\right)$	$I_p = \dfrac{P}{V_i}$	$I_p = 2\dfrac{P}{V_i}\left(1 + \dfrac{T_{off}}{T_{on}}\right)$
トランスコアの B-H 曲線の利用	片　方	両　方	片　方

	(d) ハーフブリッジ	(e) フルブリッジ
回路方式 $\begin{pmatrix} V_i: 入力電圧 \\ V_o: 主力電圧 \\ n_1, n_2: 巻回数 \end{pmatrix}$		
トランジスタに加わる電圧	$\dfrac{1}{2} V_i$	V_i
トランジスタ電流ピーク値	$I_p = 2\dfrac{P}{V_i}$	$I_p = \dfrac{P}{V_i}$
トランスコアの B-H 曲線の利用	両　方	両　方

P：出力電力
T_{on}：トランジスタのオン期間
T_{off}：すべてのトランジスタのオフ期間

2) 共振形間接変換回路（省エネ回路）

(1) 直列共振形間接変換回路　　回路と波形を**図5.28**に示す。デバイス Q_2 をオフした状態で，t_1 でデバイス Q_1 をオンすると，直流電源 → Q_1 → L → C_1 → 変圧器一次巻線を通って共振電流の正の半波が流れて，変圧器二次側に巻線比に応じた電圧を誘起する。t_2 で共振電流の半波はゼロとなり，この近傍で Q_1 はオフする。

次に，電流が小さい t_3 でデバイス Q_2 をオンさせると，C_1 → L → Q_2 → 変圧器一次巻線を通って共振電流の負の半波が流れ，同様に電圧を誘起する。この二次側の電圧を D_1，D_2 で整流し，所望の直流電圧 V_d を得る。

このように，つねに電流ゼロ点近傍でデバイスをオン・オフするので，発生するターンオン損失，ターンオフ損失はきわめて小さい利点があり，省エネ回路である。

(a)

(b)

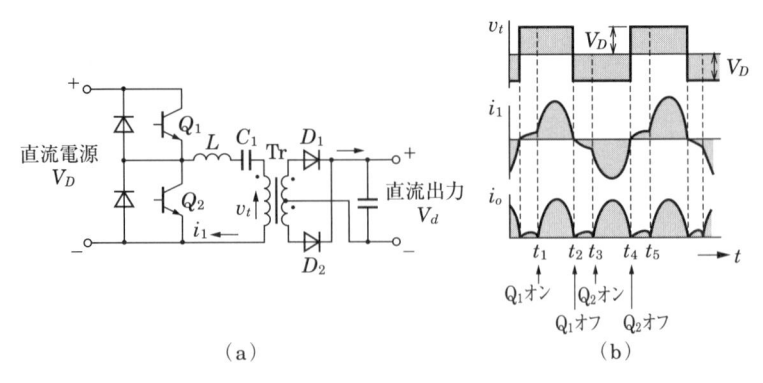

図 5.28　直列共振形間接変換回路

(2) 並列共振形間接変換回路　回路を図5.29に示す。共振用コンデンサC_3と変圧器一次巻線が並列共振回路を形成する。(1)と同様，Q_1，Q_2の電流ゼロ点近傍でのオン・オフにより変圧器の一次側に共振電圧が加わり，巻線比で定まる電圧が二次側に発生する。その電圧をD_1，D_2で整流し，所望の直流電圧V_dを得る。

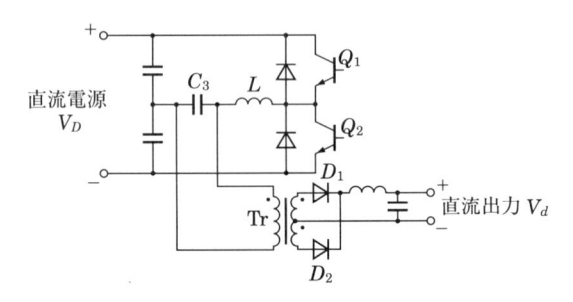

図 5.29　並列共振形間接変換回路

5.4　直流-交流電力変換回路

5.4.1　サイリスタを使用した直流-交流電力変換回路

すでに5.2.3の2)において，自己オフ機能がない電流トリガおよび光トリガサイリスタを使用した場合，制御角αが$90° < \alpha < 180°-\gamma$の範囲では，電力は直流から交流に流れる逆変換（インバータ）の動作をすることを説明した。この回

路構成は**図5.18**のように，電流形インバータであり，大容量の電力変換，たとえば直流送電，周波数変換に応用されている。

5.4.2 オン・オフデバイスによる電流形・電圧形直流－交流電力変換回路

最近ではオン・オフ機能をもつ高電圧大電流のIGBTまたはIEGTによって，オン・オフ動作（方形波またはPWM制御）で電力を変換する直流－交流電力変換回路が中・小容量の交流電源あるいは電動機の制御に広く使用されている。自己オン・オフ機能をもったデバイスを使用した変換回路について説明する。

1）電流形方形波逆変換回路（電流形インバータ）

直流側にリアクトルがあると直流電源側は定電流源になるため，デバイスのオン・オフ制御（PWM制御ではない）では交流出力側の電流波形は方形波となる。出力側の電圧波形は，抵抗負荷であれば電流波形と同様の方形波となり，誘導負荷であれば電圧波形は正弦波に近い形となる。交流側の周波数はデバイスのオン・オフの制御信号の周波数により定まる。**図5.30**に三相電流形方形波逆変換回路と波形を示す。

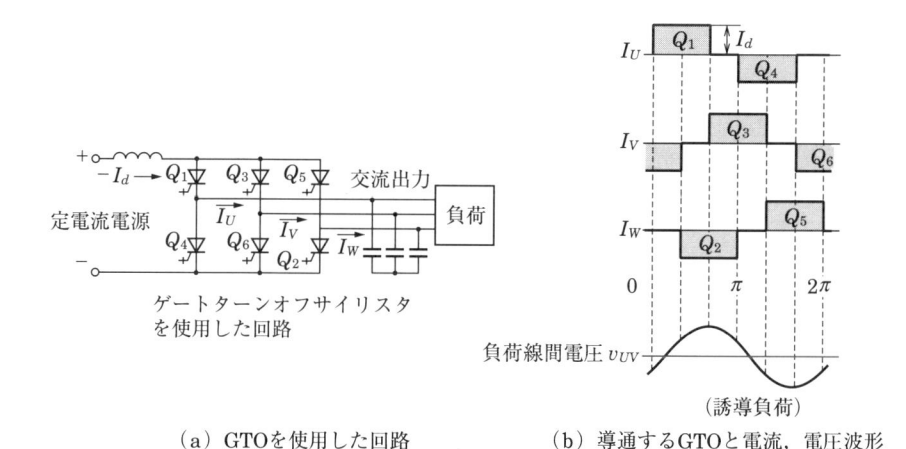

（a）GTOを使用した回路　　　　　（b）導通するGTOと電流，電圧波形

図 5.30　三相電流形方形波逆変換回路と波形

2）電圧形方形波逆変換回路（電圧形インバータ）

直流側にコンデンサがあると直流電源側は定電圧源になるので，デバイスのオ

ン・オフ制御では，交流出力側の電圧波形は方形波となる。出力側の電流波形は，抵抗負荷であれば同様の方形波となり，誘導負荷であれば正弦波に近い形となる。交流側の周波数はデバイスのオン・オフの制御信号の周期によって定まる。

(1) 単相電圧型方形波逆変換回路　図5.31に単相回路と波形を示す。デバイスのQ_1とQ_4，またはQ_3とQ_2をオンさせると，コンデンサCの直流電圧が抵抗負荷に方形波の交流電圧として加わり，方形波の交流電流が流れる。誘導負荷であれば電流波形は正弦波に近くなる。オン期間が交流出力の半波となり，オン・オフ制御信号の周期が交流出力の周波数となる。Q_1とQ_2およびQ_3とQ_4が同時にオンすると直流短絡となるので，これらのデバイスのオン信号にわずかの時間差をつけて短絡するのを防ぐ。

（a）単相方形波逆変換回路　　　（b）電圧・電流波形

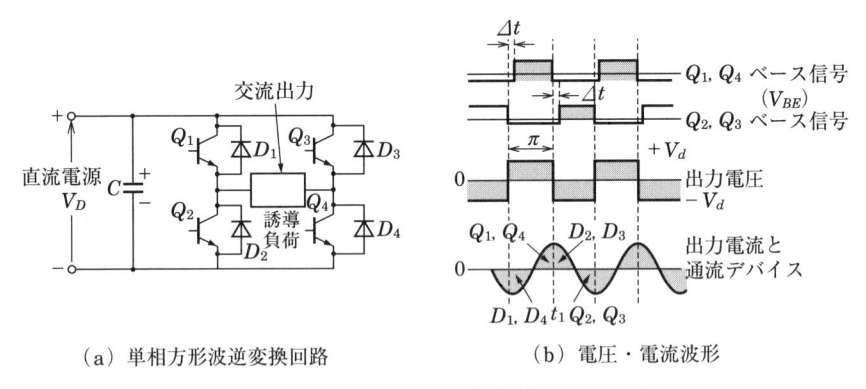

図 5.31　単相電圧形方形波逆変換回路と波形

(2) 三相電圧形方形波逆変換回路　図5.32に三相回路と波形を示す。同図（b）に直流電圧$\pm V_D$に対する方形状線間電圧波形の最大値はV_D，その幅は$2\pi/3$である。誘導負荷のとき，交流側U相の電流i_uは正弦波状になる。
線間電圧V_l（基本波実効値）と直流電源電圧V_Dとの関係は次式となる。

$$V_l = \frac{\sqrt{2}}{\sqrt{3}} \cdot V_d = 0.816 \cdot V_D \tag{5.17}$$

0.816はこの回路の交－直電圧変換係数である。

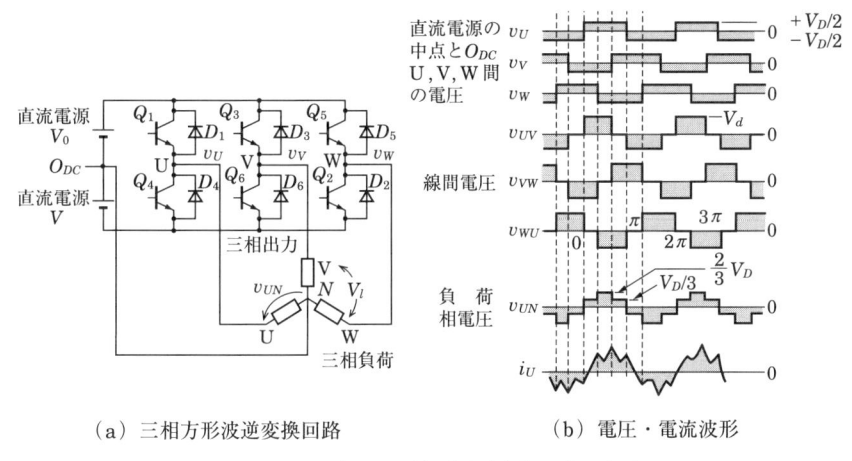

図 5.32 三相電圧形方形波逆変換回路と波形

(a) 三相方形波逆変換回路　　　(b) 電圧・電流波形

(3) PWM制御（パルス状電圧波）による電圧形逆変換回路

(a) 単相電圧形PWM変換回路

電圧形方形波逆変換回路では上図で説明したように電圧波形は方形波となるので大きな高調波成分を含むが，図5.33(a)の単相回路のように，電圧波形が正および負の半波の期間中に，チョッパのように，デバイスをPWM方式でオン・オフを繰り返すと，電圧波形は方形波から同図(b)のように正弦波に近くなる。PWM制御の周波数（キャリア周波数という）を高めてこのオン・オフの回数を増やすほど，同図(c)のようにより正弦波に近くなる。同図(b)に1サイクルの電圧波形を，同図(c)にさらに高周波でオン・オフした場合の半波の電圧波形を示す。

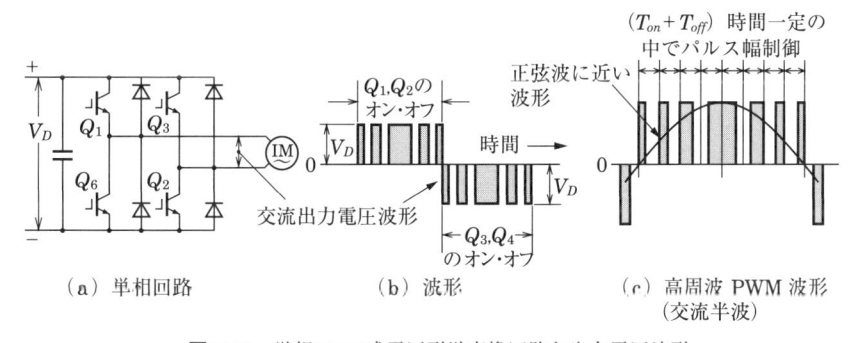

(a) 単相回路　　　(b) 波形　　　(c) 高周波 PWM 波形（交流半波）

図 5.33　単相PWM式電圧形逆変換回路と出力電圧波形

たとえば，50 Hzの出力電圧波形に対してキャリア周波数を1.5 kHzとすれば，50 Hzの半波はパルス幅の異なる約15の櫛状のオン・オフ波形で構成されることになる。

(b) 三相交流出力変換回路　少し複雑となるが，3レベルNPC(Nutral Point Cramp)式PWM三相電圧形変換回路を図5.34に示す。同図(a)のように，直流電源を正と負の2群とし，それぞれを同図(b)のよう制御すると交流出力電圧はより正弦波に近づく。この回路は高調波の少ない可変電圧・可変周波数(Variable Voltage Variable Frequency：VVVF)の交流出力で，誘導電動機を制御する用途，たとえば新幹線，通勤電車などに採用している。

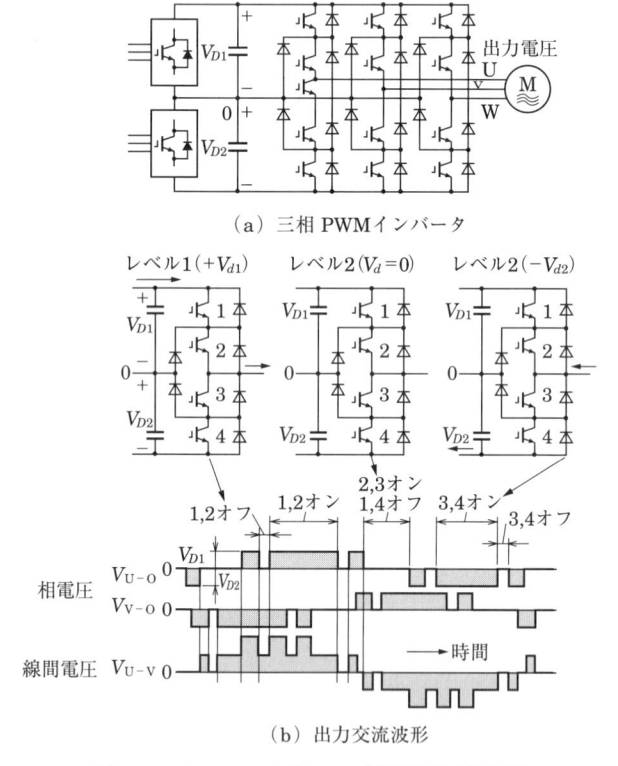

(a) 三相PWMインバータ

(b) 出力交流波形

図5.34　3レベルNPC式PWM三相電圧形変換回路

現在実用されている(a)および(b)の装置のPWMのオン・オフのキャリア周波数は1.5 kHzあるいはそれ以上である。

5.5 電圧, 電流波形に含まれる高調波とその抑制法

現在のパワーエレクトロニクスは高速でオン・オフ動作するデバイスを使用して交流および直流の電力を目的の電力に変換している。このオン・オフ動作により電圧, 電流波形が正弦波にならず, 高調波を含む波形となる。この高調波は変圧器, 電動機の温度上昇を起こし, 制御系統にノイズとして擾乱を与える場合がある。したがって, 電圧, 電流に含まれる高調波の抑制は必要となる。

5.5.1 直流電圧高調波とその抑制法
1) 直流電圧に含まれる高調波

5.1節で解説したように, サイリスタを用いた交流－直流電力変換回路では, 直流出力電圧波形は鋸歯状になり, その波形に含まれる高調波の大きさは図5.35のように変換回路の相数と制御角αによって定まる。相数が少ないほど, またαの増加とともに高調波の振幅は大きく, $\alpha = 90°$で最大となる。

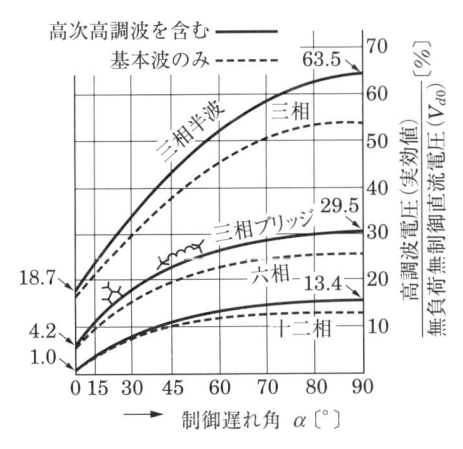

図 5.35 直流電圧波形に含まれる高調波と相数, 制御角αの関係

高調波の次数nは, 整数$1, 2, 3, \cdots$をk, 直流回路のパルス数をpとして$n = kp \pm 1$となる。たとえば, 図5.7の三相ブリッジ電力変換回路の直流回路のパルス数pは6であるから, 高調波の次数nは$5, 7, 11, 13, \cdots$となる。

高調波の実効値をV_hとすれば, 第n次高調波の実効値V_{hn}は次式になる。

$$V_{hn} = \frac{V_h}{n} \tag{5.18}$$

無負荷無制御の直流電圧をV_{D0}，高調波の最高値と最低値の差をΔV_hとすると，脈動率$\Delta V_h / V_{D0}$は次式となる．

$$\frac{\Delta V}{V_{D0}} = \frac{n}{p}\left\{1 - \cos\frac{n}{p}\right\} / \sin\frac{n}{p} \tag{5.19}$$

2) 直流フィルタによる高調波の抑制法

電力変換時の直流電圧に含まれる高調波を減らすには，図5.35のように，まず相数を増やして高調波の周波数を高くし，小さい制御角αで運転して波高値を小さくすることが必要である．

さらに，高調波を減らすには，図5.36のように，インダクタンスL_dとキャパシタンスCからなる高調波フィルタを直流回路に接続し，高調波電圧に対してインピーダンス分圧によりCの両端の直流電圧の高調波成分を小さくする．

さらに，高調波を減らすには，$L_d \cdot C$フィルタを複数直列にする．ただし，Cを大きくすると蓄積エネルギーが過大になること，また負荷側の直流電圧の制御の即応性に遅れが生じることを考慮する必要がある．

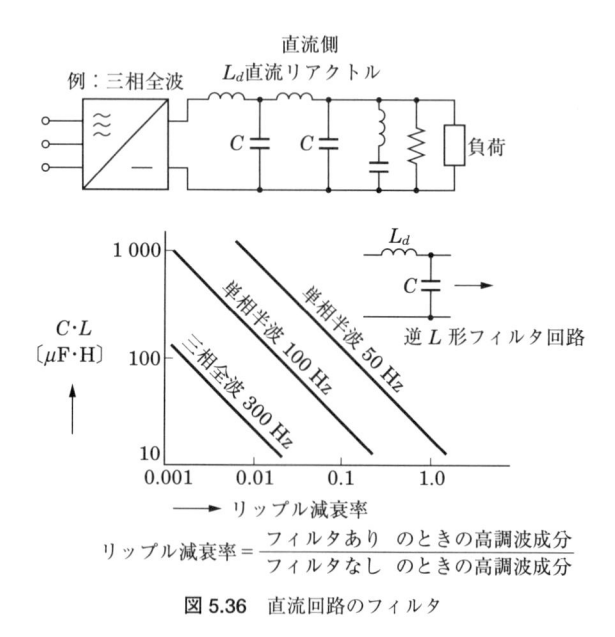

リップル減衰率 = フィルタあり のときの高調波成分 / フィルタなし のときの高調波成分

図 5.36 直流回路のフィルタ

5.5.2 交流電圧，交流電流に含まれる高調波とその抑制法

電流形インバータでは出力交流電流波形が方形波に，電圧形インバータでは出力交流電圧波形が方形波になる。また，電圧形インバータでPWM制御すると電圧波形は櫛状波になる。

1) 方形波に含まれる高調波

図5.37(a)に方形波の通電幅と，基本波最大値A_1に対する第n次高調波の実効値A_nの比，同図(b)に波形と計算式を示す。

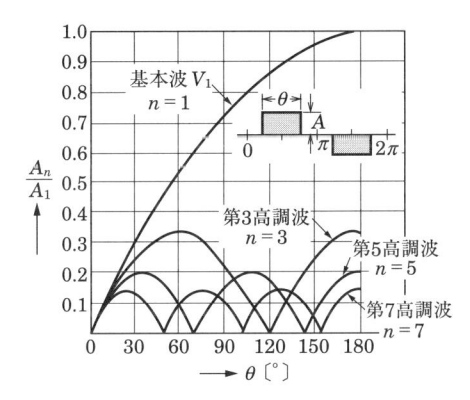

(a) 方形波の通電幅θと高調波A_n/Aの関係

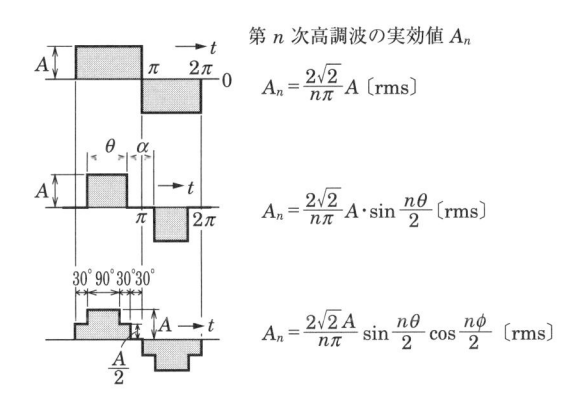

第n次高調波の実効値A_n

$$A_n = \frac{2\sqrt{2}}{n\pi} A \text{ [rms]}$$

$$A_n = \frac{2\sqrt{2}}{n\pi} A \cdot \sin \frac{n\theta}{2} \text{ [rms]}$$

$$A_n = \frac{2\sqrt{2}A}{n\pi} \sin \frac{n\theta}{2} \cos \frac{n\phi}{2} \text{ [rms]}$$

(b) 波形と高調波実効値A_nの計算式

図3.37 方形波に含まれる高調波

2) 櫛状波に含まれる高調波

図5.38に櫛状波の形状と第n次高調波の実効値の計算式を示す。

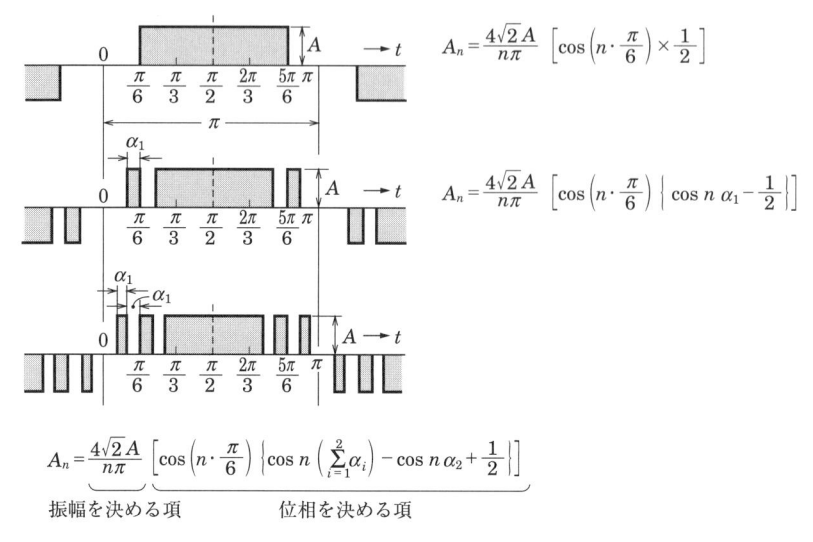

$$A_n = \frac{4\sqrt{2}A}{n\pi}\left[\cos\left(n\cdot\frac{\pi}{6}\right)\times\frac{1}{2}\right]$$

$$A_n = \frac{4\sqrt{2}A}{n\pi}\left[\cos\left(n\cdot\frac{\pi}{6}\right)\left|\cos n\,\alpha_1 - \frac{1}{2}\right|\right]$$

$$A_n = \underbrace{\frac{4\sqrt{2}A}{n\pi}}_{\text{振幅を決める項}}\underbrace{\left[\cos\left(n\cdot\frac{\pi}{6}\right)\left|\cos n\left(\sum_{i=1}^{2}\alpha_i\right) - \cos n\,\alpha_2 + \frac{1}{2}\right|\right]}_{\text{位相を決める項}}$$

図 3.38　PWMインバータによる櫛状波と第n次高調波の実効値

3) 三相交流フィルタ

　低減させようとする次数の高調波周波数に同調させた図5.39の三相のL，C共振回路を出力側三相交流回路に接続する。逆変換回路が三相ブリッジ回路の場合，高調波の次数は第5次，7次，11次，13次…であるから，それらの周波数に共振点をもつLC共振回路を接続して高調波を吸収し，高調波を含む電圧波形を正弦波に近づける。

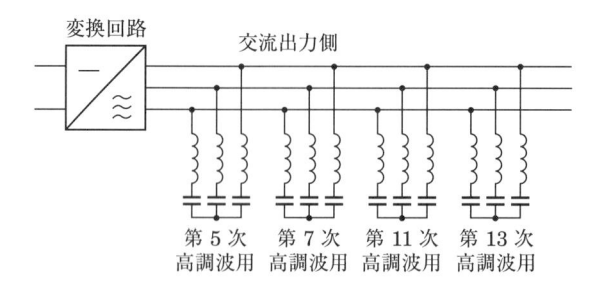

図 5.39　電圧・電流波形を正弦波化する高調波交流フィルタ

参考文献（波形から平均値，実効値，高調波を計算する方法）
(1) 野中作太郎，岡田英彦ほか『パワーエレクトロニクス演習』朝倉書店，1989
(2) 古橋　武『パワーエレクトロニクスノート』コロナ社，2008

問題

1) 三相200 V（線間電圧）の交流電源に接続された三相全波整流回路において，各アームにそれぞれ1個のダイオードがあるとき，各ダイオードに加わる逆電圧の最大値は何Vか（平成5年度電検3種A問題）。

2) 次の(a)，(b)について答えよ。
   (a) 誘導負荷の三相半波順変換回路で，線間電圧が200 V，制御角 $\alpha = 45°$ のときの直流電圧波形を書き，その直流出力電圧（平均値）は何Vか。
   (b) 抵抗負荷と誘導負荷では α が何度のとき制御特性に差が出るか。また，その理由はなにか。

3) 次の(a)，(b)について答えよ。
   (a) PWM式のチョッパ回路で，周期を T，通電（オン）幅 T_{on} を制御したときの直流電源電圧 V_D と直流出力電圧 V_d の比の関係をグラフで示せ。
   (b) V_D が1500 Vで，PWMの周期を T とし，通電幅 T_{on} が T の60％のときの V_d は何Vか。

4) 電圧型インバータと電流型インバータの出力波形の違いは何か。

5) デバイスは電子スイッチであるから，オン・オフ動作によって回路に高調波を発生させる。その高調波を低減させる方法を説明せよ。

ひと休み 5

直流または交流の電圧,電流波形から平均値,実効値の求め方

本章では種々の電力変換回路を説明した。これらの回路で定まる波形から平均値,実効値を計算するには下記の公式を知っていれば役に立つ。

電圧または電流波形に周期性があり,かつ交流の場合は正弦波で上下に対称性があり,積分する波形について, $f(\theta) = \sqrt{2} \cdot A \cdot \sin\theta \cdot d\theta$ とする。

Aは正弦波の実効値とし,積分する期間は規則性のある期間0からπ,または0から2πとする。

(1) 平均値 $= \dfrac{1}{\pi}\displaystyle\int_0^\pi f(\theta)\cdot d\theta$ 又は $\dfrac{1}{2\pi}\displaystyle\int_0^{2\pi} f(\theta)\cdot d\theta$

(2) 実効値 $= \sqrt{\dfrac{1}{\beta-\alpha}\displaystyle\int_\alpha^\beta f^2(\theta)\cdot d\theta}$

(3) $\displaystyle\int_\alpha^\beta f(\theta)d\theta = F(\beta) - F(\alpha)$ $F(\beta)$はβの積分値

   $F(\alpha)$はαの積分値

(4) $\displaystyle\int_\alpha^\beta \sin\theta\, d\theta = \Big[-\cos\theta\Big]_\alpha^\beta = -\cos\beta - (-\cos\alpha) = -\cos\beta + \cos\alpha$

(5) $\displaystyle\int_\alpha^\beta \cos\theta\, d\theta = \Big[\sin\theta\Big]_\alpha^\beta = \sin\beta - \sin\alpha$

(6) $\displaystyle\int_\alpha^\beta \sin^2\theta\, d\theta = \dfrac{1}{2}\displaystyle\int_\alpha^\beta (1-\cos 2\theta)\,d\theta = \dfrac{1}{2}\Big(\theta - \dfrac{\sin\theta}{2}\Big)$

$\qquad\qquad\qquad = \dfrac{1}{2}\left\{\Big(\beta - \dfrac{\sin 2\beta}{2}\Big) - \Big(\alpha - \dfrac{\sin 2\alpha}{2}\Big)\right\}$

(7) $\sin(\alpha \pm \beta) = \sin\alpha\cdot\cos\beta \pm \cos\alpha\cdot\sin\beta$

(8) $\cos(\alpha \pm \beta) = \cos\alpha\cdot\cos\beta \mp \sin\alpha\cdot\sin\beta$

・直流電圧平均値の計算法

(1) 単相半波変換回路（誘導負荷） 5.1.1の1）

$$V_d = \frac{1}{2\pi}\int_{\alpha}^{\pi}\sqrt{2}\cdot V\cdot \sin\theta\, d\theta$$

$$V_d = \frac{\sqrt{2}}{2\pi}\cdot V\{-\cos\pi-(-\cos\alpha)\}$$

$$= \frac{\sqrt{2}}{2\pi}\cdot V\cdot(1+\cos\alpha)$$

$$= 0.225\cdot V\cdot(1+\cos\alpha)$$

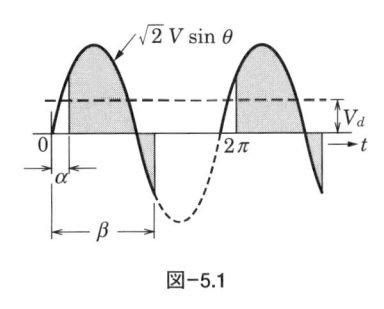

図-5.1

(2) 単相センタタップ変換回路（誘導負荷） 5.1.1の2）

$$V_d = \frac{1}{\pi}\int_{\alpha}^{\pi+\alpha}\sqrt{2}\cdot V\cdot \sin\theta$$

$$= \frac{\sqrt{2}\cdot V}{\pi}\{-\cos(\pi+\alpha)-(-\cos\alpha)\}$$

$$= \frac{\sqrt{2}\cdot V}{\pi}\cdot\{-(-1\cdot\cos\alpha - 0\cdot\sin\alpha)+\cos\alpha\}$$

$$= \frac{\sqrt{2}\cdot V}{\pi}\cdot(\cos\alpha+\cos\alpha) = \frac{2\sqrt{2}}{\pi}\cdot V\cdot\cos\alpha$$

$$= 0.9\cdot\cos\alpha \quad 0.9\text{は交流-直流電圧変換係数}$$

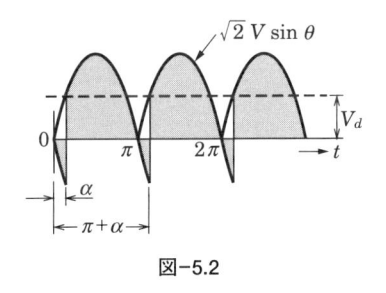

図-5.2

(3) 単相ブリッジ（全波）変換回路（誘導負荷） 5.1.1の3）

波形，計算式，変換係数は2）と同じ。

(4) 三相星形（半波）変換回路 5.1.2の1）

$$V_d = \frac{\sqrt{2}\cdot V_p}{\frac{2\pi}{3}}\int_{\frac{\pi}{6}+\alpha}^{(\frac{\pi}{6}+\alpha)+\frac{2\pi}{3}}\sin\theta\cdot d\theta$$

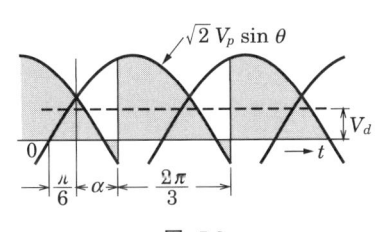

図-5.3

$$= \frac{\sqrt{2} \cdot V_p}{\frac{2\pi}{3}} \left[-\cos\left\{\left(\frac{\pi}{6}+\alpha\right)+\frac{2\pi}{3}\right\} + \cos\left(\frac{\pi}{6}+\alpha\right) \right]$$

$$= \frac{3\sqrt{2} \cdot V_p}{2\pi} \left\{ -\cos\left(\frac{5\pi}{6}+\alpha\right) + \cos\left(\frac{\pi}{6}+\alpha\right) \right\}$$

$$= \frac{3\sqrt{2} \cdot V_p}{2\pi} \left(\frac{\sqrt{3}}{2}\cos\alpha + \frac{1}{2}\sin\alpha + \frac{\sqrt{3}}{2}\cos\alpha - \frac{1}{2}\sin\alpha \right)$$

$$= \frac{3\sqrt{2} \cdot V_p}{2\pi} \sqrt{3} \cdot \cos\alpha = 1.17 \cdot V_p \cdot \cos\alpha$$

(5) 三相ブリッジ（全波）変換回路　5.1.2の3）

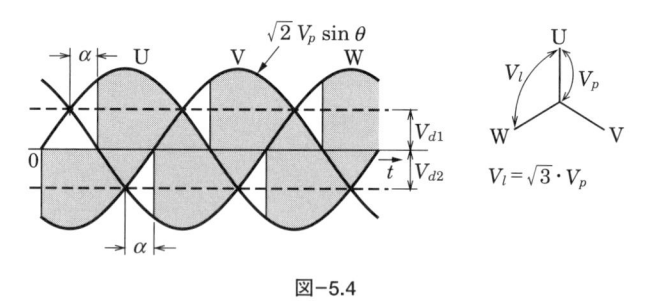

図-5.4

$V_l = \sqrt{3} \cdot V_p = 1.732 \cdot V_p$

$V_d = V_{d1} + V_{d2} = 2(1.17 V_p \cdot \cos\alpha) = 2.34 \cdot V_p \cdot \cos\alpha$

$\quad = 2.34 \cdot \dfrac{V_l}{\sqrt{3}} \cdot \cos\alpha = 1.35 \cdot V_l \cdot \cos\alpha$

　この回路は4）の三相星形回路の波形を正側と負側を対称的に加えたのと同じであるため，交流－直流電圧変換係数は4）の1.17の2倍の2.34となる。5）では線間電圧をV_lとすれば，$2.34/\sqrt{3}$で係数は1.35となる。

・交流電力調整回路

(1) サイリスタによる位相制御（抵抗負荷） 5.2.1の1）

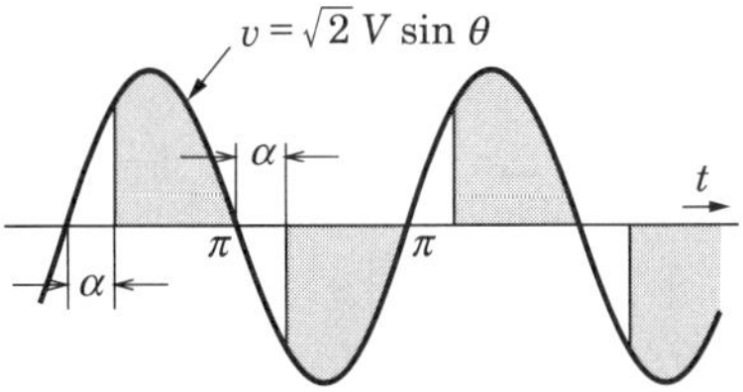

$$
\begin{aligned}
\text{交流電圧実効値} &= \sqrt{\frac{1}{\pi}\int_\alpha^\pi v^2 d\theta} \\
&= \sqrt{\frac{1}{\pi}\int_\alpha^\pi \left(\sqrt{2}\cdot V\cdot \sin\theta\right)^2 d\theta} \\
&= V\cdot \sqrt{\frac{1}{\pi}\cdot 2\cdot \frac{1}{2}\left(\pi - \frac{\sin 2\pi}{2}\right)\cdot \left(\alpha - \frac{\sin 2\alpha}{2}\right)} \\
&= V\cdot \sqrt{\frac{1}{\pi}\cdot \left(\pi - \alpha + \frac{\sin 2\alpha}{2}\right)}
\end{aligned}
$$

図-5.5

(2) トランジスタによるオン・オフ期間制御 5.2.1の2）

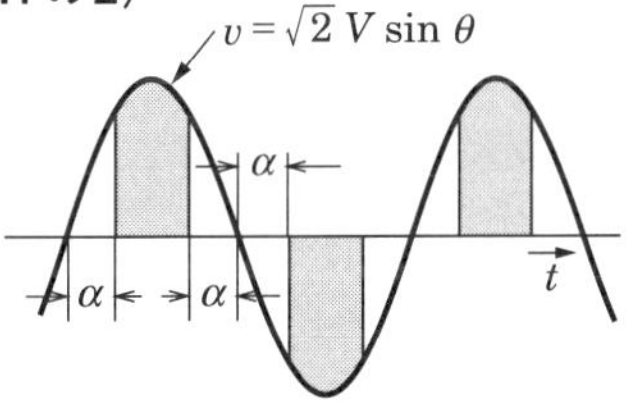

$$
\begin{aligned}
\text{交流電圧実効値} &= \sqrt{\frac{1}{\pi}\int_\alpha^{\pi-\alpha}\left(\sqrt{2}\cdot V\cdot \sin\theta\right)^2 d\theta} \\
&= \sqrt{\frac{2}{\pi}\cdot V^2 \int_\alpha^{\pi-\alpha}\sin^2\theta\, d\theta} \\
&= V\cdot \sqrt{\frac{2}{\pi}}\cdot \sqrt{\frac{1}{2}\left\{(\pi-\alpha) - \frac{\sin 2(\pi-\alpha)}{2}\right\} - \left(\alpha - \frac{\sin 2\alpha}{2}\right)} \\
&= V\cdot \frac{1}{\sqrt{\pi}}\sqrt{(\pi - 2\alpha + \sin 2\alpha)}
\end{aligned}
$$

図-5.6

・サイリスタ，トランジスタのオン電流，コレクタ電流の平均値

(1) 180°通電

$$
\begin{aligned}
I_{A(mean)} &= \frac{1}{2\pi}\int_0^\pi I_d\, d\theta = \frac{1}{2\pi}\cdot I_d(\pi - 0) \\
&= \frac{1}{2}I_d = 0.5\cdot I_d
\end{aligned}
$$

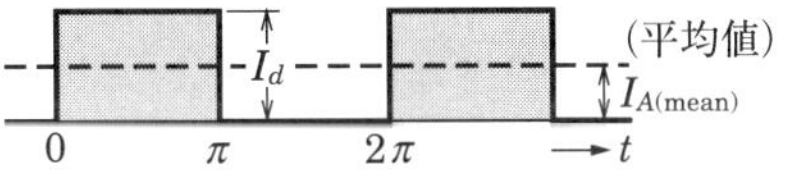

図-5.7

(2) 120°通電

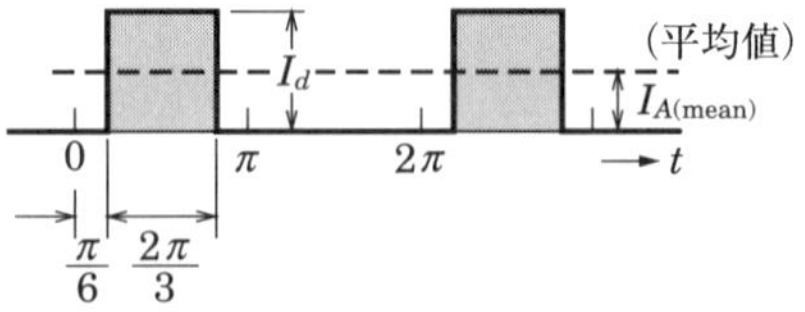

$$I_{A(mean)} = \frac{1}{2\pi}\int_{\frac{\pi}{6}}^{\frac{\pi}{6}+\frac{2\pi}{3}} I_d \, d\theta$$

$$= \frac{1}{2\pi} \cdot I_d \left(\frac{5\pi}{6} - \frac{\pi}{6}\right) = \frac{1}{3} \cdot I_d = 0.333 \cdot I_d$$

図-5.8

・矩形波状電圧，電流波形とその実効値

(1) 180°通電の交流

$$\text{実効値} = \sqrt{\frac{1}{2\pi}\int_0^{2\pi} A^2 \, d\theta} = A \cdot \sqrt{\frac{2\pi}{2\pi}} = 1 \cdot A$$

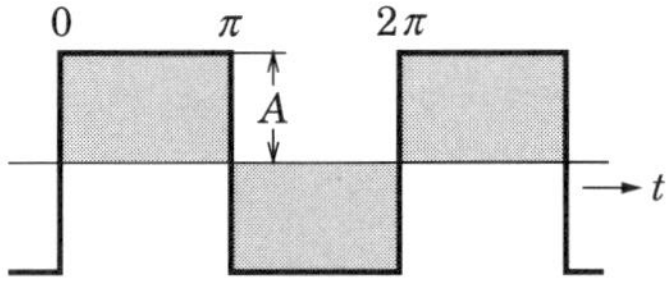

図-5.9

(2) 120°通電の交流

$$\text{実効値} = \sqrt{\frac{1}{\pi}\int_{\frac{\pi}{6}}^{\frac{\pi}{6}+\frac{2\pi}{3}} A^2 \, d\theta}$$

$$= A \cdot \sqrt{\frac{2\pi}{3\pi}} = 0.816 \cdot A$$

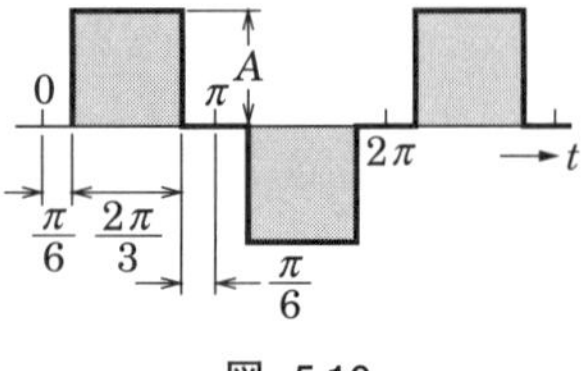

図-5.10

　この波形はブリッジ回路の交流電流波形，電圧型／電流型インバータの出力電圧／出力電流波形に相当する。

第6章

パワーエレクトロニクスの応用
― 家電・情報機器への応用 ―

パワーエレクトロニクスの応用分野はきわめて広いので，第6章では家電・情報機器への応用，第7章では電力への応用，第8章では電動機制御への応用についてその代表的な例を解説する。

6.1 家電機器への応用

1) 調光器具[1]

家庭の居間，ホテルの宴会場などでは室内照明の明るさを調節する調光装置が広く使用されている。負荷が白熱電球の場合，5.2.1項で説明した交流電力調整回路を応用した図6.1(a)の回路を使用し，ゲート位相を制御することによって電球に加わる交流電圧を最大からゼロまで制御して明るさを調節する。同図(b)に壁埋め込み型の調光器具（制御電力500W）を示す。

負荷が蛍光ランプの場合は，この回路では調光できない。蛍光ランプの調光にはランプ電圧可変のインバータ回路をもつ調光器具を使用する。

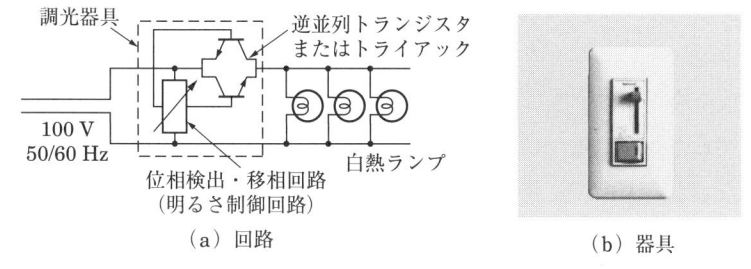

図 6.1　白熱電球用調光回路と器具の例

2) インバータ回路付き蛍光ランプ用器具[1]

通常の安価な蛍光ランプ用器具の回路は図6.2(a)のようにチョークコイルとグロースタータで構成されている。この回路では，(1)スイッチをオンしてから発光（放電）が安定するまでの時間遅れ，(2)発光のチラツキ，(3)チョークコイルからの騒音，が生じるときがある。これを改善した高周波（～50 kHz）インバータ付き器具が普及している。回路の例を同図(b)に示す。

(a) 従来のグロースタータ付回路　　(b) 高周波インバータ付回路

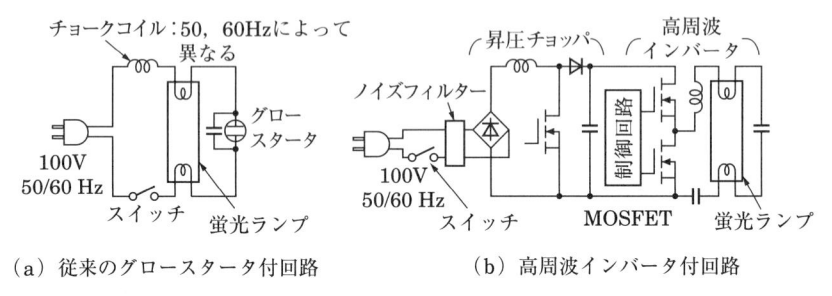

図6.2　蛍光ランプ用回路

3) 電球型省エネ蛍光ランプ[1]

1938年に誕生した蛍光ランプは直管型であったが，1955年にリング型が加わり，1980年ころから電球型蛍光ランプが発売されるようになった。最近では発光管の形状を小形化し，高周波インバータ回路を小さい基板にまとめて，白熱電球と同じ大きさの電球型蛍光ランプで40 W，60 W，100 Wが市販されている。

図6.3に電球型蛍光ランプの構造と回路を示す。この回路は通常のE26の口金から交流100 Vを受け，それを直流に変換してコンデンサを充電する。この直流を，2個のMOSFETを用いたハーフブリッジ電圧型インバータ回路のL_2とC_4の共振で約50 kHzの高周波に変換する。騒音（可聴周波の上限は～20 kHz）を避け，インバータの効率を考えて約50 kHzにしてある。蛍光ランプの光の強さは商用周波を高周波にすることにより約10％増加する。60 Wの電球型蛍光ランプは同じ明るさの白熱電球に比べて消費電力は約1/5，寿命は約8倍であり，省エネ，すなわちCO_2削減に極めて効果がある。最近では白色系LED器具が市販されるようになった。これは白熱電球にくらべて消費電力は約1/7，寿命は約20倍であり，省エネ効果は大きい。

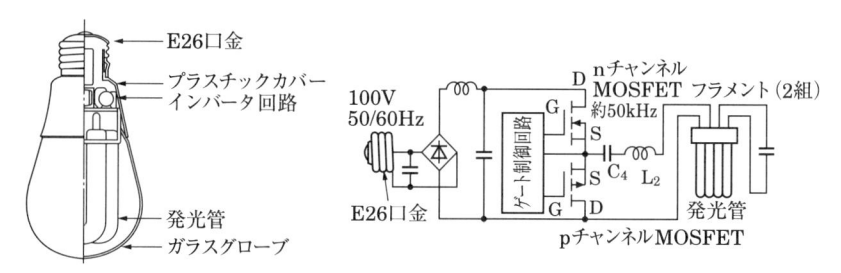

図 6.3 電球型蛍光ランプの外形と高周波インバータ回路

4) 電子レンジ[(2)]

最近の技術の動向はマグネトロンの高出力化と，機器の外形容積に対する加熱室の容積の増加にある．**図 6.4** に 900 W マグネトロンを使用した電子レンジの回路を示す．家庭用コンセントから取れる最大電流 15 A を超えずに高出力マグネトロンを駆動するため 2 個の 430 V, 50 A, IGBT で構成したハーフブリッジインバータを使用している．インバータの出力周波数を約 50 kHz にして，マグネトロン用変圧器を小形化している．変圧器の小形化とインバータの小形化によって加熱室は従来の機種よりも大きくなった．マグネトロンの出力は IGBT のゲート駆動電圧の周波数で制御する．コンセントの最大電流の範囲でマグネトロンを高出力化するため，交流電源の力率を約 1.0 に制御している．

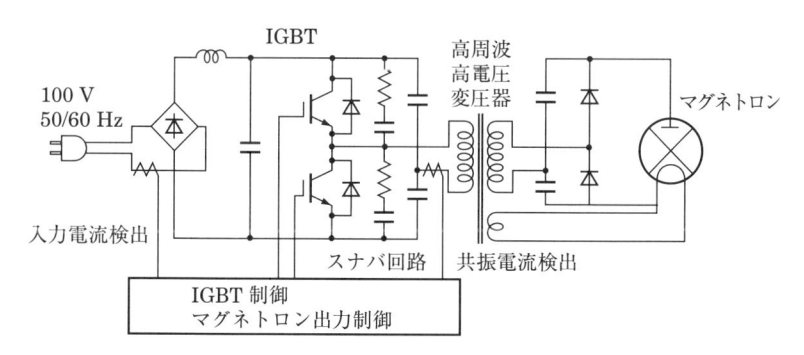

図 6.4 電子レンジ用高周波インバータ回路

5) インバータ・ルームエアコン

初期（1970年代）のエアコンは室内の温度センサによるコンプレッサモータ

のオン・オフ制御のため急速な冷房ができず，設定温度に対して室温の変動が大きく，快適とは言えなかった。

最近のルームエアコンは冷房のみならず暖房も可能で，多くの機種は図6.5(a)のように屋内機と屋外機で構成されている。屋外機の電子回路は同図(b)のようにIGBTを使用した電圧形PWM式VVVFインバータである。冷房と暖房の切り替えは同図の四方弁で行なう。屋内機には温度センサ，リモコン機能，冷媒－空気の熱交換器（ラジエータ）と送風機が入っている。

(a) 屋内機，屋外機の例

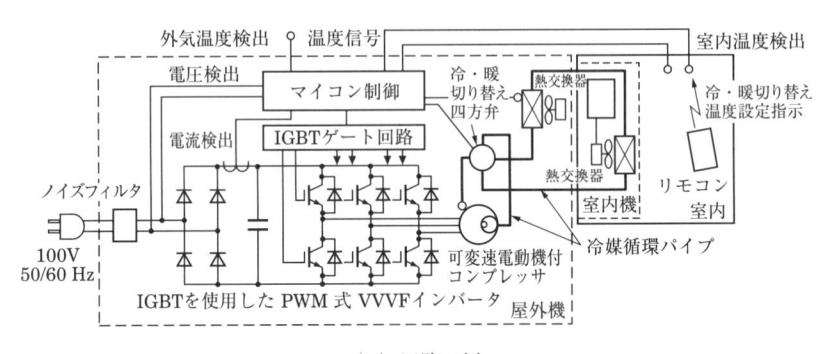

(b) 回路の例

図 6.5　インバータ・ルームエアコンの例

冷房（暖房）を起動するときはコンプレッサに直結した誘導電動機（家庭用では0.75から1.5 kW）を約120 Hz（スリップがないとして約7 200 rpm）でコンプレッサを回転させて急速に冷房（暖房）する。室温が設定温度に近づくと温度センサによって自動的に周波数をたとえば30 Hz（同1 800 rpm）に下げ，冷房

(暖房)能力を弱めて設定温度を維持するようにする。このようなVVVFインバータにより,快適な室温が得られると同時に,大きな消費電力節減すなわちCO_2削減効果が得られる。

6) インバータ洗濯機[2]

洗濯物を満水の洗濯槽に入れて撹拌する洗濯モードでは低速回転で大きなトルクを必要とする。脱水モードでは高速回転で小さいトルクが必要である。従来は洗濯用電動機と撹拌プロペラをベルトで連結して洗濯し,別の電動機で脱水を行なわせていた。

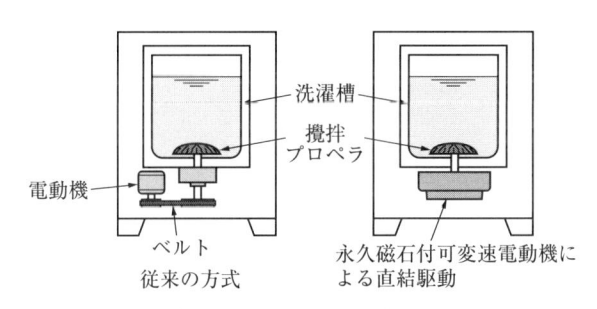

(a) 電動機直結の洗濯機の構造

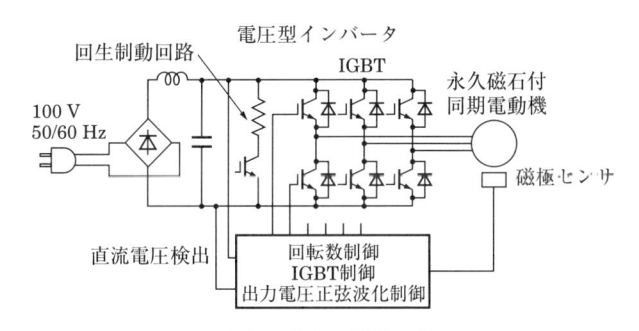

(b) 電動機の駆動回路

図6.6 インバータ洗濯機

最近では図6.6(a)のように,撹拌プロペラのシャフトと永久磁石を回転子とした同期電動機を直結し,同図(b)のようにキャリア周波数16 kHzのPWM式VVVFインバータで駆動している。トルクむらと騒音を低減するため,電動機の電流をできるだけ正弦波になるようホール素子で回転子の位置を検出して制御す

る。洗濯と脱水ではインバータで電動機の回転数を制御する。

7）ツイン冷却省エネインバータ冷蔵庫[3]

最近の家庭用冷蔵庫は食品を低温保存するための冷凍室と冷蔵室・野菜室のツイン室で構成されている。冷蔵庫1台の中に前者用の蒸発温度$-25℃$の冷却器，後者用の蒸発温度$-18℃$の二つの冷却器がある。

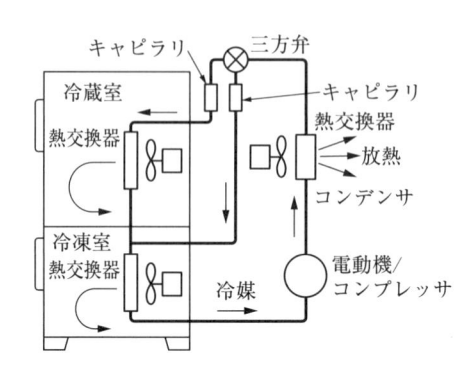

（a）ツイン冷却システム

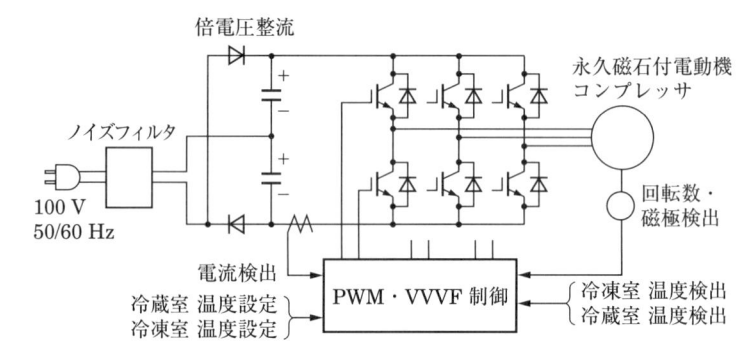

（b）コンプレッサ用 PWM 式 VVVF インバータ

図6.7　インバータ冷蔵庫

1台のコンプレッサで冷媒（炭化水素系イソブタン*）を圧縮したのち三方弁を時間間隔により切り替えて，それぞれの冷却器に流す冷媒の量を制御し，蒸発した気体をコンプレッサに循環している。

＊　オゾン破壊係数，地球温暖化係数が従来よりも小さい環境に適した冷媒

図6.7にインバータ冷蔵庫の構成と回路を示す。冷蔵室，または冷凍室への食品の出し入れ，扉の開閉などにより冷蔵庫の負荷が変化した場合はPWM式VVVFインバータでコンプレッサ用永久磁石付電動機および各室の冷却ファンの回転数を制御する。夜間など，冷蔵，冷凍室の温度が変化しないときはセンサにより電源をオン・オフして節電をはかっている。

上述した家電機器へのパワーエレクトロニクスによるインバータの応用例は一部であって，このほか電磁調理器，食器洗い器，クリーナなどがある。

これらの電動機を使用した家電機器は，永久磁石を使用した同期電動機とIGBTを使用した電圧型PWM式VVVFインバータの組み合わせが一般的である。家電機器では電動機が小形のため減速時の発生電力は回路で消費している。

6.2 情報機器への応用

1) 定電圧直流電源ユニット（スイッチング電源）[4]

家庭用のパソコン，TV・AV機器，コピー機，電話・ファクシミリ，銀行のATM，業務用コンピュータ，ビルのエレベータ，火災・警備システム，電車・航空機の運行・管制システム，気象・災害通信システムなど，近代社会の活動に必要なシステムがある所には必ず電子回路があり，その電子回路には直流電源が必要である。このため信頼性の高い，たとえば直流 ±12V，±5V，±3V，±0.8V の直流電源ユニットが必要である。このような直流電源ユニットはシステムの心臓部であり，高い信頼性と安定した定電圧特性はもとより，高い交流－直流変換効率，小形・軽量，および安価であることが要求される。

直流電源ユニットは5.3.2項の直流間接変換回路で説明した回路が基本である。直流電源ユニットを小形・軽量化し，高効率にするため，その交流部分のスイッチング周波数はMOSFETによって500kHzから1MHzとして変圧器などの部品を小形化している。直流出力電圧が低い場合は，高周波の交流－直流変換には通常のダイオードではなく，電力損失を減らすためオン電圧が低いショットキーバリアダイオード，またはMOSFETを使用した整流回路を使用する。

スイッチング周波数が20kHzの時代（1970年ごろ）の大きさは約$100\,\mathrm{cm}^3/\mathrm{W}$であったが，200kHz（1990年ごろ）では約1/10の約$10\,\mathrm{cm}^3/\mathrm{W}$と小さくなり，

現在ではさらに小さくなっている。共振形間接変換回路とスイッチングの高周波化により現在のユニットの電力変換効率は小・中容量では90%から95%，大容量では85%程度である。図6.8にMOSFETを用いたフルブリッジの定電圧直流電源の例を示す。

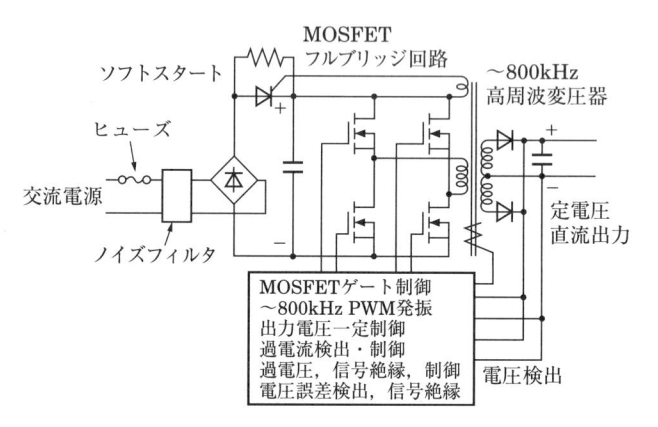

図 6.8　定電圧直流電源ユニットの回路の例

2）無停電電源装置（UPS：Uninterruptable Power Supply）

近代の社会では多種多様の重要なコンピュータが昼夜の別なく稼働しており，ひとときも落雷，系統の事故などの停電によるシステムダウンは許されない。また，病院での生命の維持・安全のみならず，大規模ビル，地下街，化学工場など，緊急時の混乱防止，避難誘導，防災のため，停電対策が必要である。

このため，停電時に瞬時に電池から重要なシステムおよび停電が許されない機器，または設備に給電する無停電電源装置が広く採用されている。この無停電電源装置は図6.9のように，順変換回路，蓄電池，三相正弦波電圧を発生する電圧型PWM式インバータで構成し，通常は受電系統から電力を負荷に供給すると同時に，装置の順変換回路で蓄電池を常時充電しておく。停電すると，瞬時に受電遮断機を開くと同時に蓄電池の電力をインバータで商用周波の正弦波交流電圧に変換して負荷に電力を供給する。蓄電池からの給電持続時間は蓄電池の容量に依存し，通常は5から10分程度である。停電時に負荷へ供給する電力が大きい場合はディーゼルエンジン付発電機を設備する。

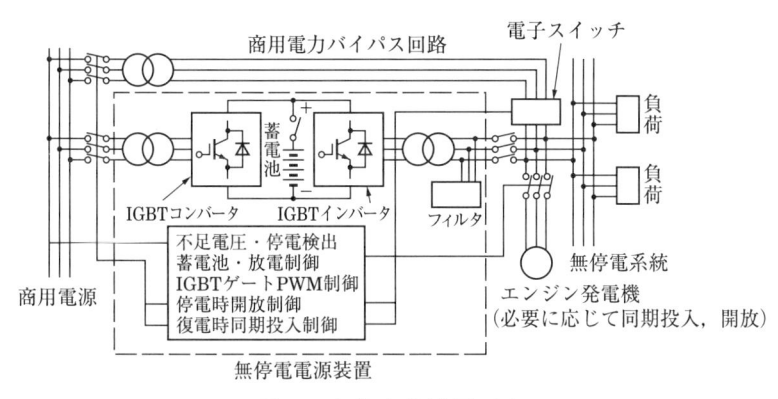

図 6.9 無停電電源装置の例

　受電が回復すると受電電圧とインバータ出力の電圧値，位相を検出して受電遮断機を同期投入すると同時にインバータを停止し，電池の充電を継続する。

　中・小の会社，工場，病院，ビルなどに適した1から20 kVAの無停電電源装置が標準化されており，また個人用パソコンに適した装置も市販されている。

　上述した家電機器，情報機器の今後の技術開発の方向は，それぞれの機器の運転中の**電力変換効率**を高めて電力損失を減らす努力とともに，わが国の目標である一層の省電力（すなわちCO_2削減）に応えるべく**待機時消費電力**の削減が課題になり，このための研究・開発が進められている。

参考文献
(1) 伊藤秀徳，大崎　肇『電球形蛍光ランプ　ネオボールZシリーズ』東芝レビュー，Vol.55，No.10，2000，pp.62-65
(2) 松尾勝春，田中俊雅ほか『家電製品における最新のパワーエレクトロニクス技術』東芝レビュー，Vol.55，No.7，2000，pp.51-54
(3) 谷本茂也，長竹和夫『家電機器用のモーターとインバータ』東芝レビュー，Vol.55，No.4，2000，pp.25-28
(4) 岸『スイッチング電源システムシンポジウム　2000』(社)日本能率協会，C2-1-1

問題

1) 家電機器の目指す技術方向は何か。

ひと休み 6

家電機器の省エネ化

　地球温暖化回避に関する1997年の京都国際会議の議定書が2005年に発効し，日本は1990年を基準に，2008年から2012年の平均値で温室効果ガス（主としてCO_2）を6％削減することを世界に約束した。これを実現するため国内のすべての分野でCO_2削減に努力しているが，その達成はかなり厳しい。

　経済産業省の統計によれば，2005年の1世帯あたりの年間CO_2排出量は約5500kgで，そのうちの最大である約38.7％は消費電力量からである。

　各家庭の2005年の年間消費電力量は約4209kWhで，その内の機器の割合は下図のようになる。また，年間消費電力量の約7.3％（約308kWh）は「待機時消費電力量」であり，家電機器がスタンバイのために消費している電力である。この電力の削減の基本は外出時，不使用時にコンセントを抜くことである。

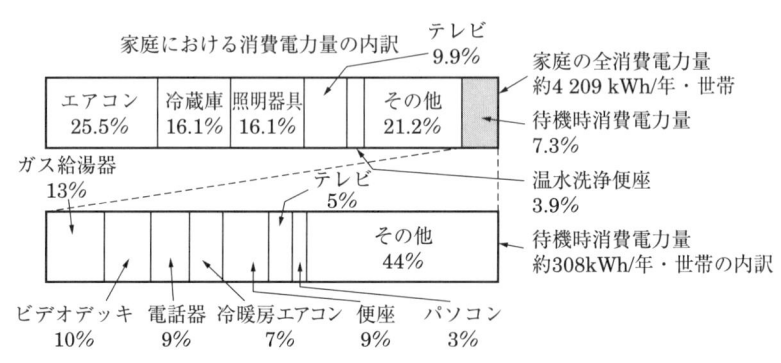

家庭における消費電力量の内訳

| エアコン 25.5% | 冷蔵庫 16.1% | 照明器具 16.1% | テレビ 9.9% | その他 21.2% |

家庭の全消費電力量 約4209kWh/年・世帯
待機時消費電力量 7.3%

| ガス給湯器 13% | ビデオデッキ 10% | 電話器 9% | 冷暖房エアコン 7% | テレビ 5% | 便座 9% | パソコン 3% | その他 44% |

温水洗浄便座 3.9%
待機時消費電力量 約308kWh/年・世帯の内訳

出所：資源エネルギー庁　平成16年度電力需給の概要
（財）省エネルギーセンター『平成17年度待機時消費電力報告書』

図-6.1

　家電機器メーカーは，それぞれの機器の使用中の消費電力を減らすとともに，この待機時消費電力も減らす技術開発を進めている。

　消費電力削減の例として，家庭用ルームエアコンでは，所定の同一条件で10

年前に比べて，インバータの採用，コンプレッサの改良などにより約34％節電している。冷蔵庫では，新断熱材，内部構造とコンプレッサの改良とその制御方式の改善などにより，500 L級で1年前のモデルに比べて約20％節電している。

　待機時消費電力削減の例として，人をセンサで感知して数秒で加熱し，タイマーでオフする便座ヒーターがある。このほかテレビ，電子レンジ，パソコンに低消費電力モード，または待機時消費電力削減機能付機器が市販されている。

参考文献
(1) 『省エネ性能カタログ07年冬版』(財) 省エネルギーセンター, 2007

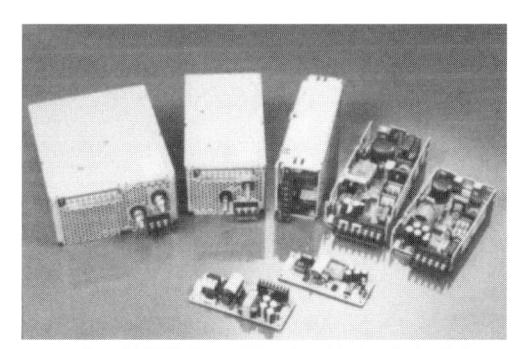

通信・情報機器の心臓である低電圧直流電源
（スイッチング電源）の例

第7章

パワーエレクトロニクスの応用
─ 電力系統への応用 ─

7.1 周波数変換装置

　1886年，東京電燈（現在の東京電力）は直流で送・配電事業を始めたが，1897年に浅草火力発電所にドイツから50 Hzの発電機を輸入し交流による送・配電も事業化した。このため東京地区は50 Hzになった。1897年，大阪電燈（現在の関西電力）はアメリカから60 Hzの発電機を輸入して送・配電事業を始めたため大阪・京都地区は60 Hzになった。これが日本に50 Hz／60 Hzの地域が共存する原因となり，戦後の日本の復興と発展に問題となっていた。日本を北から南まで一つの電力系統で結んで電力の有効利用と広域運用を行なうため，本州－北海道間の電力送電，および周波数の異なる電力系統の接続が必要不可欠であり，政府，電力会社はこの分野の技術開発に精力的に取り組んだ。

　周波数変換装置の主回路は5.2.3項で説明した交流電力間接変換方式の中の電流形インバータである。直流回路を介するため両系統の交流電圧と周波数に関係なく，ゲートの位相制御によって電力の流れの方向とその量を制御できるためこの回路を使用している。次に大容量の周波数変換設備について解説する。

1） 新信濃600MW周波数変換装置[1]

　60 Hz系統と50 Hz系統の境界に接した長野県松本市に近い丘の上に新信濃周波数変換所が建設され，第1期（1977年）の300 MW周波数変換装置には2.5 kV，1.5 kAの電流トリガサイリスタを使用したが，その後の第2期（1993年）には6 kV，2.5 kAの光トリガサイリスタを使用した300 MW周波数変換装置を増設し，合計600 MWで運転している。図7.1（a）に新信濃周波数変換所の回路を，同図（b）

に，鉄板で密閉した電波シールドの空調室に設置した第2期の三相ブリッジ回路の2アーム分のユニット，および (c) に光ファイバを付けた6 kV, 2.5 kAの光ト

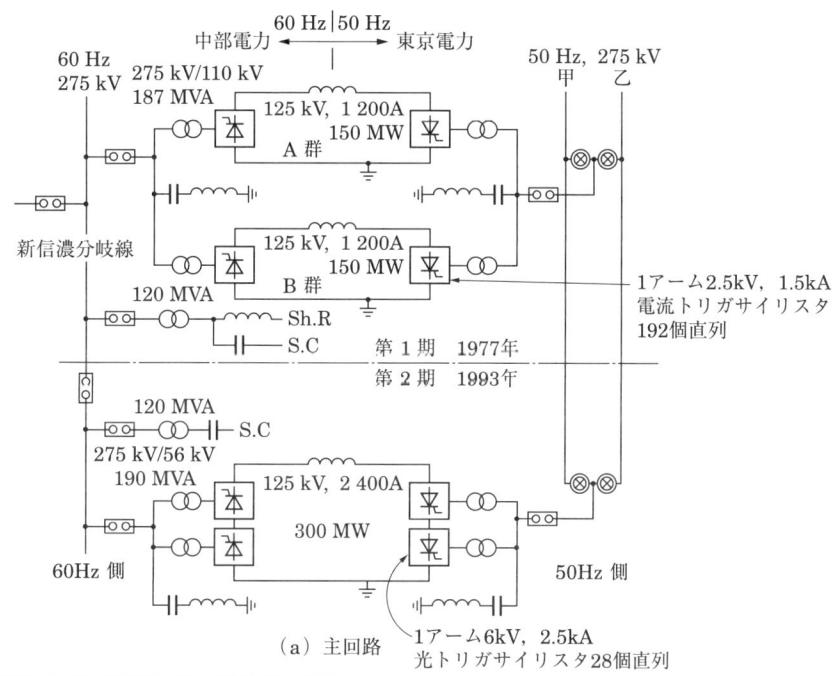

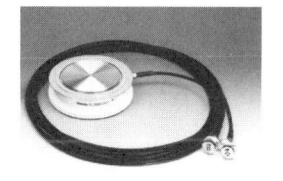

(a) 主回路

(b) 三相ブリッジの2アーム分の電力変換ユニットと光トリガサイリスタモジュール

(c) 6 kV, 2.5 kV 光トリガサイリスタと光ファイバ, 発光ダイオード

図7.1 新信濃600MW周波数変換設備（資料提供：東京電力㈱, ㈱東芝）

リガサイリスタを示す．このユニット3台（6アーム）で三相ブリッジ回路を構成し，300 MWの周波数変換を行なっている．各ユニットは高抵抗の冷却水を循環してサイリスタと部品を冷却している．現在，第1期の電流トリガサイリスタを使用した変換装置を第2期と同様の光トリガサイリスタを使用した装置に更新中である．

2）佐久間300 MW周波数変換装置

　天竜川の上流，静岡県と愛知県の県境の近くにある佐久間周波数変換所は図7.1(a)の第2期と同じ回路構成で，同じ定格の6 kV，2.5 kV光トリガサイリスタを使用し，300 MWの周波数変換装置を1993年から運転している．その主回路を図7.2に示す．

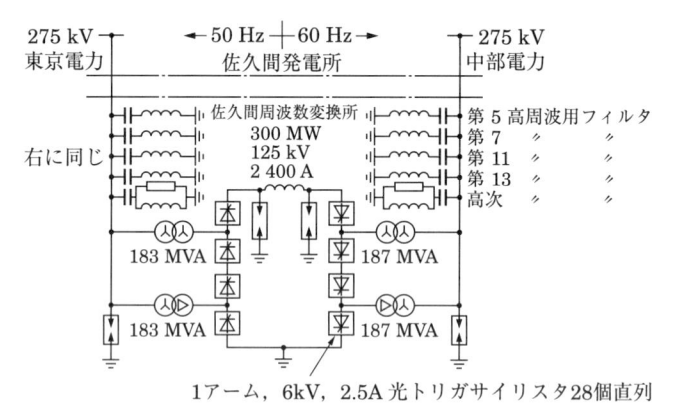

図 7.2　佐久間300MW周波数変換設備の主回路（資料提供：中部電力㈱）

3）東清水300MW周波数変換装置

　静岡県内の60 Hzと50 Hzの境界に近い清水市の近くに東清水300 MW周波数変換所がある．交流系統の都合で2006年3月から100 MWで暫定運用している．この設備には上記と同じ6 kV，2.5 kAの光トリガサイリスタを使用している．その主回路を図7.3に示す．

　50 Hzと60 Hzの電力系統の境界にあるこれら3ヵ所の周波数変換設備で合計1 200 MWの電力の融通が可能である．これら周波数変換設備があるため，電力系統に緊急事態が発生した場合（たとえば，2007年7月16日の中越沖地震による柏崎刈羽原子力発電所（総出力8 200 MW）の運転停止）の電力の需給，融通と系統の安定化に大きく役立っている．

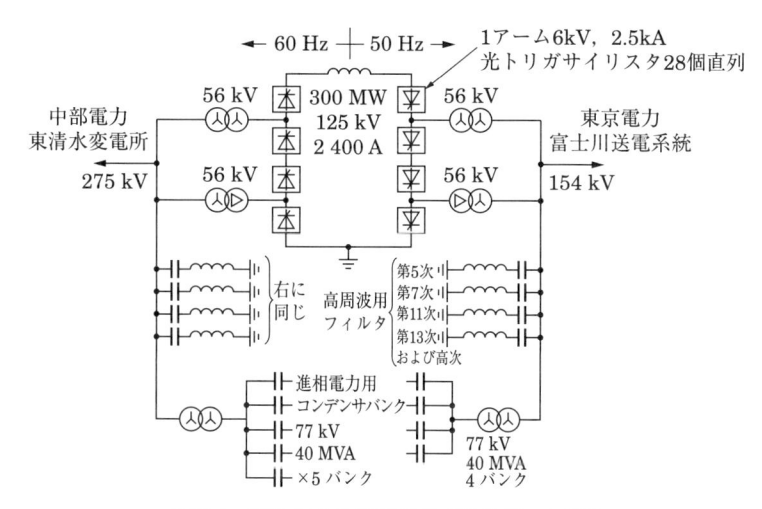

図 7.3　東清水300MW周波数変換設備の主回路

7.2　直流送電装置

図7.1と同じ回路構成で直流部分を長い送電線としたのが直流送電である。直流送電の特徴は，

（a）直流回路の両端に交直変換装置を必要とするが，直流を介して二つの交流系統を連系するので両系統の電圧，周波数に関係なく電力の融通が可能。

（b）両端のサイリスタ変換装置の制御により，直流系統および両交流系統の事故を瞬時に検出・停止し，事故が波及，拡大するのを防ぐことができる。

（c）ケーブル送電のときの距離が50km程度（送電電圧，送電容量による）以上になると交流送電よりも直流送電のほうが実効送電電力で有利となり，大きな電力を送電できる。

（d）交流送電では三相のため3本の電線が必要であるが直流送電では＋と－の2本で済む。

（e）交流架空線送電では無効電力損失のため送電距離に限界があるが，直流送電では電線の抵抗損だけのため交流よりも長距離送電が可能となる。

などである。世界では多くの地点で直流送電が運転しているが，わが国では次の例がある。

1）北海道−本州600 MW直流送電用電力変換設備[(2),(3)]

図7.4に北海道−本州600 MW直流送電設備の概要を示す。北海道電力の函館変換所と東北電力の上北変換所の間の全長約169 km（津軽海峡を横断する海底

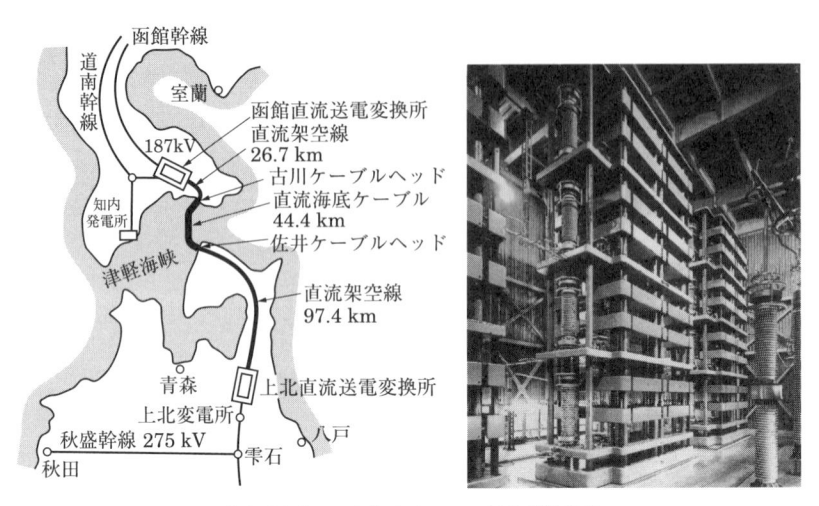

（a）送電ルートとサイリスタ電力変換装置

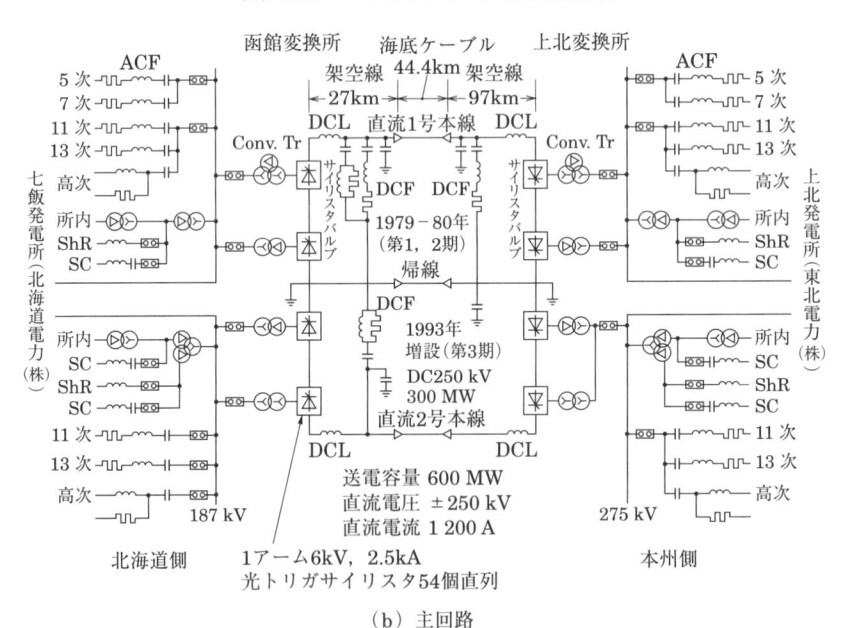

（b）主回路

図 7.4　北海道−本州600MW直流送電設備

ケーブル約44kmと架空線約125km）を直流で300MWの電力を送電する設備が1979年に運転を開始した。これはわが国最初の直流送電系統である。1993年にさらに300MWを増設し，この三相ブリッジ変換装置には6kV，2.5kAの光トリガサイリスタを使用している。図7.4(a)に直流送電のルート，同図(b)に主回路を示す。

2）紀伊水道直流送電[(4)]

電力需要の伸びが大きい阪神地区に電力を供給するため，四国の橘湾に火力発電所を建設し，その交流電力を阿南直流送電変換所で直流電力に変換して海底ケーブル（約51km）で紀伊水道を横断し，紀北直流送電変換所で交流電力に変換する約100km直流送電である。この送電ルートと主回路を図7.5に示す。

この設備は関西電力，四国電力，電源開発が共同で建設し，2000年7月から第1期1400MW（最終は2800MW）で運転している。この回路構成は図7.4とほぼ同じである。この三相ブリッジ変換装置には世界最大の8kV，3.5kAの光トリガサイリスタを使用している。

上述した周波数変換用，および直流送電用の変換装置では，電圧が高いのでサイリスタを多数個直列に接続する必要がある。表7・1に上述した設備の要点と使用しているサイリスタの定格と直列個数を示す。

表 7.1 周波数変換・直流送電設備とサイリスタの定格，直列個数

地点と目的	運転開始年	変換電力	トリガ方式	デバイスの種類と定格	1アームの直列個数
新信濃 周波数変換	第1期　　1977 第2期　　1993 第1期の更新　2008	150MW×2 群 150MW 150MW	絶縁変圧器 直接光トリガ 直接光トリガ	電流トリガサイリスタ 光トリガサイリスタ 光トリガサイリスタ	2.5kV, 1.5kA 192 6kV, 2.5kA 28 7.5kV, 2.4kA 23
佐久間 周波数変換	水銀整流 器の置換　1993	300MW×2 群	直接光トリガ	光トリガサイリスタ	6kV, 2.5kA 28
東清水 周波数変換	2006	300MW (現在100MW で運転中)	直接光トリガ	光トリガサイリスタ	6kV, 2.5kA 28
北海道-本州 直流送電	第1,2期　1979-80 第3期　　1993	300MW 300MW	間接光トリガ* 直接光トリガ	電流トリガサイリスタ 光トリガサイリスタ	4kV, 1.5kA 112 6kV, 2.5kA 54
紀伊水道 直流送電	第1期　　2000	1400MW	直接光トリガ	光トリガサイリスタ	8kV, 3.5kA 40

＊間接光トリガ：トリガ信号の伝送に光ファイバを使用し，ゲート電流源はそれぞれの電位から取る方式

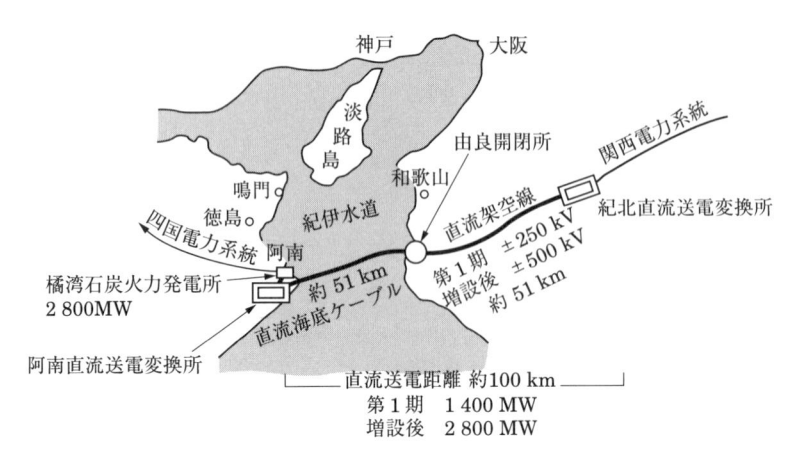

(a) 送電ルート

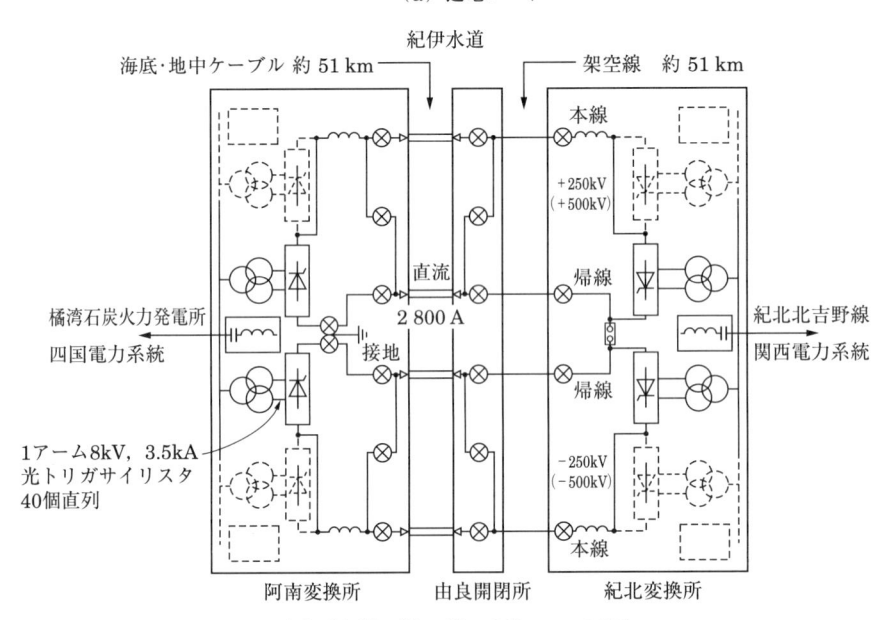

(b) 主回路（第 1 期：実線 1 400 MW）

図 7.5 紀伊水道直流送電設備

直列に接続した電流トリガサイリスタを同時にターンオンさせるとき図7.6(a)の電磁トリガ方式を用いると，次のような技術的な困難が生じる。

（a）対地電位の制御信号を高耐圧の絶縁変圧器を介して高電位の各サイリスタにトリガ信号を送る場合，絶縁変圧器の巻線構造によりゲート電流波形が変形して直列接続したサイリスタのターンオン時間が不均等になり，その結果サイリスタの分担電圧に過電圧が生じて破壊する恐れがある。

（b）絶縁変圧器の二次巻線を各ゲートに接続するため巻線の対地静電容量の差によってサイリスタの分担電圧が不均等になり，電圧破壊の恐れがある。

（c）電圧が高くなるほど絶縁変圧器は大きく，重量が増加する。

この欠点を解決したのが同図(b)の光信号と光トリガサイリスタからなる直接トリガ方式である。

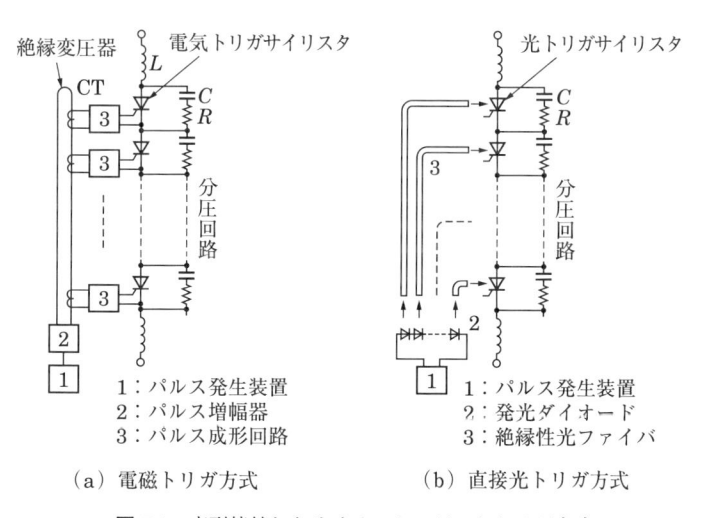

（a）電磁トリガ方式
1：パルス発生装置
2：パルス増幅器
3：パルス成形回路

（b）直接光トリガ方式
1：パルス発生装置
2：発光ダイオード
3：絶縁性光ファイバ

図7.6　直列接続したサイリスタのゲートトリガ方式

同図(a)の部品点数を100％とすると同図(b)では約15％となり，それだけ変換装置の信頼性は高く，装置は小形・軽量となる利点がある。

このような電力系統へのパワーエレクトロニクスの応用によって，図7.7のようにわが国は北から南まで電力幹線が縦断し，電力の有効利用，緊急時の広域融通運用が可能となり，産業の発展，国民の生活の向上に貢献している。

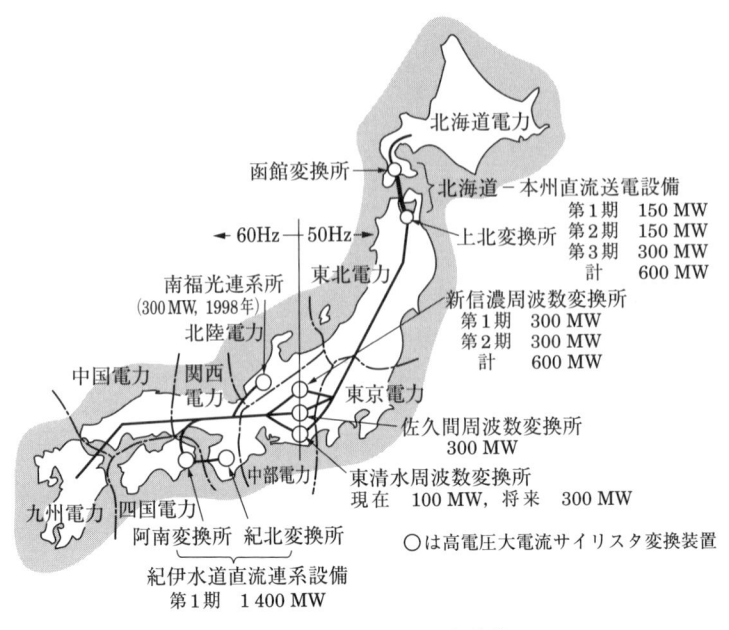

図 7.7　日本の縦断電力幹線

　この電力幹線の構築の陰には信頼性の高い光トリガサイリスタをはじめ，その直列接続技術，光トリガシステム，高い変換電力の制御・保護技術などがある．換言すれば，もし光トリガサイリスタを含むパワーエレクトロニクス技術による日本縦断電力幹線がなかったとすれば，地震による大容量発電設備の停止など，不測の事態に対して日本全体の電力の安定需給は成し得なかったといえる．

7.3　その他の応用例 —CO_2削減を目指して

1）太陽光発電システム

　省エネルギー，クリーンエネルギーの意識の高まりにより太陽光発電システムが普及しつつある．その例として，2000年3月に300 kWの発電システムを日本工業大学の屋上に設置し，運転している．この発電部は直径125 mmのシリコン太陽電池ウエーハ（変換効率16.4％）54枚を直・並列として1枚の発電パネル（直流出力26.5 V，4.95 A，131 W）とし，そのパネル2 292枚を図7.8のように

直・並列に接続して最大300kWの直流電力を得る。その電力を50kWの電圧型PWMトランジスタインバータ6台で3相，210V，50Hzの交流電力に変換し，東京電力から受電している学内系統に接続してある。

(a) 発電パネル群　　(b) 発電・連系システムの概要

図7.8　300kW太陽光発電システム

この発電パネルの出力は天候，季節によって変動するが，校舎の所要照明電力の一部を賄うことを目標にしている。照明電力が軽負荷となって発電電力に余剰ができた場合には電力会社に売電するようになっている。

2) 風力発電システム

風力発電の発祥地はイギリス（1887年）といわれている。日本の風力発電の研究開発は1980年代に始まった。その後，NEDO（新エネルギー・産業技術総合開発機構）の活動と政府の補助によって離島，過疎地方の電源として小容量の風力発電機が設置されるようになった。クリーンエネルギー利用の高まり，政府の施策，技術の進歩，設備・建設費の低下などにより単機100から1500KW級の風力発電機が各地に建設され，2003年には風力総発電量は680MW（わが国の総発電量の0.025％）に達し，年々増加している（風力発電の先進国ドイツの風力総発電量は日本の約17倍である）。

風力による発電は「風まかせ」であり，変動の激しい発電源である。したがって，風力発電の電力を既存の送・配電系統に接続するには，交流電圧，周波数，位相を一致させ，かつ発電電力の変動をできるだけ小さくして系統に影響を与え

ないようにしなければならない。通常，風速約3m/sで発電を始め，約13から25m/sの間で定格電力の発電を行ない，25m/s以上の暴風では発電は停止する。風車と鉄塔は80m/sの暴風に耐えられるように設計してある。

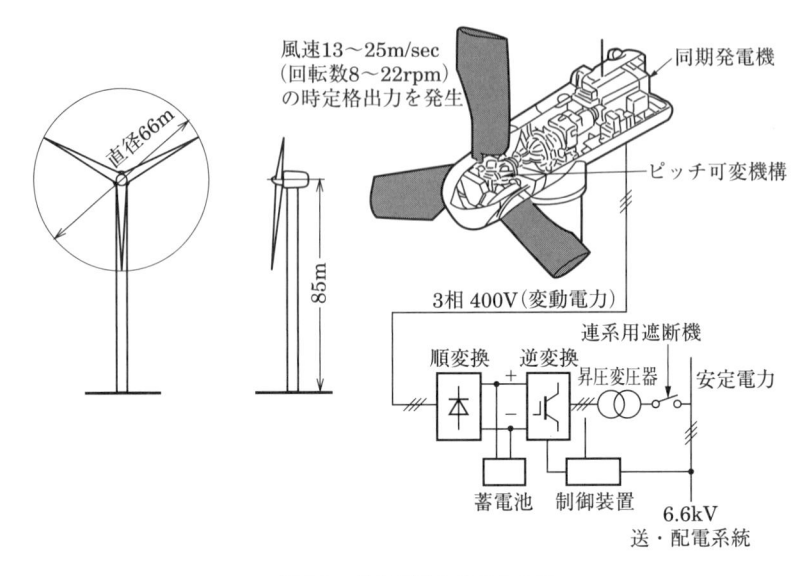

図7.9　風力発電システムの例

風力発電システムは，(a)風の力を発電機の回転力に変えるプロペラ，(b)プロペラのピッチを可変制御する機構，(c)発電機（永久磁石付同期発電機，または増速ギヤ機構付誘導発電機），(d)発電した電力の電圧，周波数，位相を既存の配電系統に合わせ，出力の変動を安定化する保護機能付電子回路からなる。

例として，1500kWの同期発電機を使用した風力発電システムを図7.9に示す。3枚の直径66mのプロペラの軸は発電機に直結していて，定格出力を発電する回転数の範囲は8から22rpm，永久磁石式多極同期発電機の出力電圧は交流400Vである。同図のように，この発電電力を順変換回路で直流電力に変換し，電圧変動を緩和するための蓄電池を充電する。この直流電力をIGBTを使用した電圧型PWMインバータで交流電力に変換する。この交流電力を既存の交流送・配電系統に供給するには，系統の電圧，周波数，位相を一致させるとともに，供給電力の増減もIGBTのゲートで制御する。風力発電は将来期待されているクリーンな

エネルギー源で，1基2000kWの発電システムが実用段階にある。

このほか，無効電力補償装置，燃料電池を電源とした交流電力変換装置などにパワーエレクトロニクスが応用されている。

参考文献
(1) 沢「新信濃変電所」，『OHM』，No.6，1991，pp.61-70
(2) 竹之内達也「北海道・本州間電力連系設備の概要」，『電気学会誌』Vol.100，No.8，1980，pp.43-50
(3) 小林淳男，高橋　忠「光サイリスタの直流送電への応用」，『東芝レビュー』Vol.38，No.5，1983，pp.419-423
(4) 斉藤紀彦，高島　弘，布施和夫「紀伊水道直流送電プロジェクト」，『電気学会誌』Vol.118，No.12，1998，pp.927-930

問題
1) 日本の電力系統で50Hzと60Hzが共存するようになった理由は何か。また，日本縦断の電力幹線を構築する理由は何か。
2) 大容量の直流送電，周波数変換に交流間接変換方式の電流形インバータ回路を使用する理由，また光トリガサイリスタを使用する理由は何か。

ひと休み 7

日本の電気，周波数の歴史

　1800年代の中頃，欧州，アメリカでは直流が使われるようになった。直流では電圧の変成は不可能で，送電距離が長くなると電線の抵抗による電圧降下が大きくなるため，発電源の山岳地帯から都市まで送電するのが困難であった。

　1880年代に交流送電の優位性が認識され，1884年にGanz社（ハンガリー）が変圧器を開発したこともあり，交流による発電，送・配電が広がった。

　初期の交流では25 Hzから133 Hzの間の多数の周波数が使用されたが，現在では世界の各国は50 Hzと60 Hzに統一された。その理由は定かでない。50 Hzで統一されている地方は欧州，アジア，豪州，アフリカ，60 Hzで統一されている地方は北米，中米，台湾，フィリピンである。国単位では50 Hzか，または60 Hzのどちらかで周波数が統一されているが，日本のように50 Hzと60 Hzが共存している国はない。当時の電力機器の先進国はドイツ（50 Hz）とアメリカ（60 Hz）であったため，日本で二つの周波数が共存するようになった理由はこの時代にさかのぼる。

　日本ではじめて電気を目にしたのは1878年（明治11年）3月25日，電池によるアーク灯が点灯したのが最初であった。この日が「電気記念日」になった。今年，2008年はこの年からちょうど130周年である。1882年（明治15年），銀座で直流配電線からアーク灯を街灯として点燈した。1886年（明治19年），東京電燈会社（現在の東京電力）は直流で電気事業を始め，序々に直流発電機を増やして架空線による直流送・配電の地域は広がった。しかし，直流送・配電では限界になったため，1897年，浅草に火力発電所を建設してAEG社（ドイツ）製50Hz交流発電機で直流送・配電と共に交流送・配電を始めた。

　一方，1897年（明治22年），大阪電燈（現在の関西電力）はGE社（アメリカ）製60 Hz交流発電機で交流送・配電を開始した。

　東京電燈ではしばらく直流と交流の送・配電が混在したが，1923年（大正12年）の関東大震災を契機に，その後は交流送・配電に統一して地域を拡大した。

これが現在の 50 Hz と 60 Hz の系統が存在する原因となった。

　以前では，レコードのターンテーブル，洗濯機，蛍光灯などの仕様は 50 Hz 用と 60 Hz 用ではちがっていたが，現在ではパワーエレクトロニクスにより電源周波数には関係なくインバータによる回転数制御，インバータ点灯になっている。

参考文献
(1) 門井龍太郎「電気の周波数と電圧」，『電気学会誌』Vol.111, No.12, 1991, pp.1011-1014

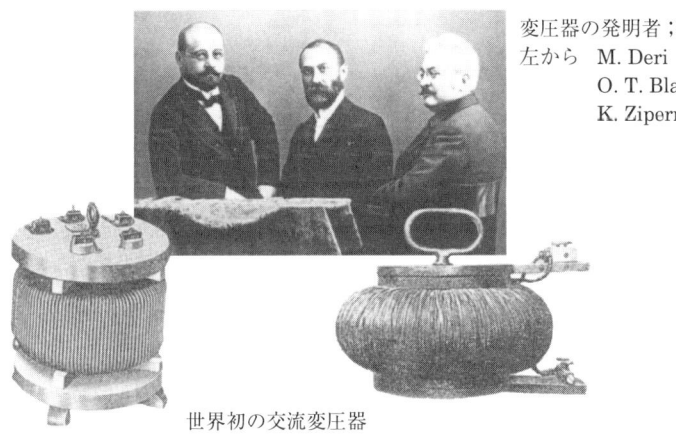

変圧器の発明者；
左から　M. Deri
　　　　O. T. Blathy
　　　　K. Zipernowsky

世界初の交流変圧器
電圧，kVA は不明
明治18年（1885年）
ハンガリー，Ganz 社製

日本最古の高電圧変圧器
単相12kV，100kVA
明治43年（1910年）芝浦製作所製
写真提供：㈱東芝京浜事業所

第 8 章

パワーエレクトロニクスの応用
― 電動機制御 ―

8.1 電動機の原理と種類

　前章では電力系統への応用について代表例を解説したが，実際に広くパワーエレクトロニクスが応用されている分野は電動機の回転速度制御，可逆運転であり，製鉄・製鋼用設備，各種工作機，ロボットのほか通勤電車，新幹線，エレベータ，ハイブリッド車，家電機器，AV機器などきわめて広い。電動機の出力はAV機器用の1 W級以下から製鉄・製鋼用の10 MW級におよぶ。

　パワーエレクトロニクスが電動機の制御に広く応用されるようになった理由は，第5章で説明した電力変換回路と例えば誘導電動機または永久磁石付同期電動機と組み合わせ，PWM式VVVFで制御すると，電動機の回転速度，トルク，回転方向，停止位置を容易に，かつ迅速で精度よく制御できる利点があるためである。

8.1.1 電動機の原理

　電動機の種類には大別して(1)直流電動機，(2)同期電動機，(3)誘導電動機があるが，これらを同一出力に対して比較すると，直流機は大きく，重く，ブラシの保守・点検が必要なため，最近では大出力用には誘導電動機，小－中出力用には永久磁石を磁極とした同期電動機が使用されている。

　次に電動機の原理を概説する。電力と機械力の関係は図8.1(a)のよく知られたフレミングの左手の法則である。すなわち，「磁界（人差指）に直交して電線を置き，その磁界中の電線に中指の方向に電流を流すと電磁力が発生して電線が親指の方向に動く」。これが「電力－機械力」の変換原理である。

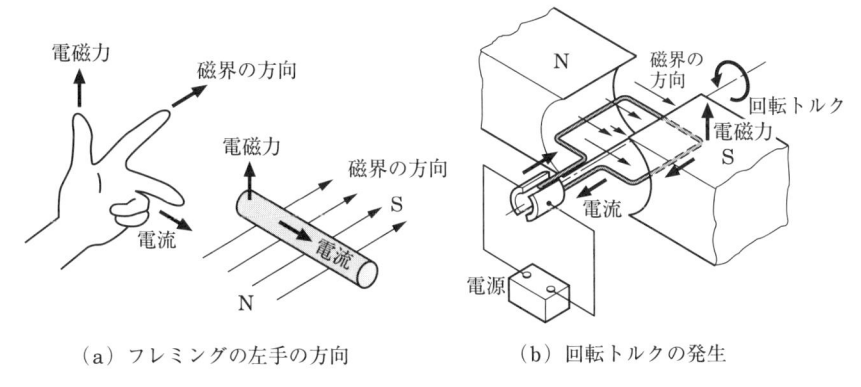

(a) フレミングの左手の方向　　　(b) 回転トルクの発生

図 8.1　「電力－機械力」変換の原理（フレミングの左手の法則）

　電動機には固定子（フレーム）と回転子（回転軸）がある。磁界をつくるためにはN極とS極が必要であるが，永久磁石または鉄心に電線を巻いた磁極に電流を流して磁界をつくる。磁極（たとえば，永久磁石）を回転子に付けた回転界磁型と，固定子に磁極を付けた固定子界磁型がある。

　同図(a)の**フレミングの法則**をさらに固定子界磁型に近い電動機の構造で表現すると同図(b)のようになる。固定子のN極，S極による磁界に，導体を埋め込んだ回転子を置いて導体に電流を流すと電磁力によって導体（回転子）を回転させる力（トルク）が発生する。この原理はすべての種類の電動機にあてはまる。

　電動機を運転する場合，その用途によって**図8.2**のように同一回転方向での

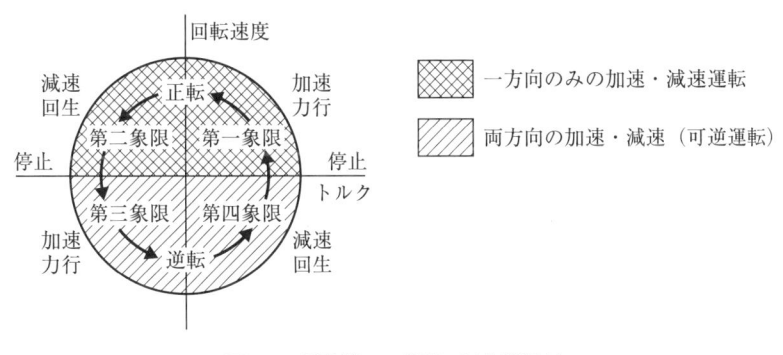

図 8.2　電動機の二象現・四象現運転

「加速(力行),運転,減速(電力回生:制動),停止」の二象限運転,およびそれの逆方向での「加速,運転,減速,停止」を加えた四象限運転がある。

サーボ制御システムとは,第5章で説明した電力変換回路の負荷として電動機を接続し,その電動機を指令とおりに加速・減速,定速回転,回転方向の正転・逆転,定位置停止動作をさせる制御システムをいう。このため,電動機には始動トルクが大きく,速度応答性がよい(回転子(電機子)の直径が小さく,軽い構造)ことが必要である。電動機を制御する場合,図8.3のように電動機の電流,回転数,磁極位置を検出してPWM式VVVFインバータの制御回路にフィードバックする制御系が必要である。

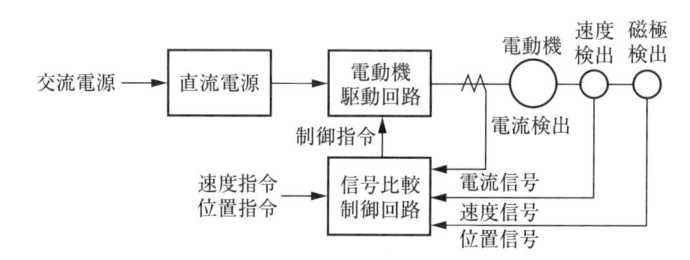

図 8.3　電動機のサーボ制御システムの概念

8.1.2　電動機の種類

1) 直流電動機

基本的な構造を図8.4に示す。この図のように固定子に付けた永久磁石,または界磁鉄心の巻線に直流電流を流してS極,N極の間に磁界を発生させる。

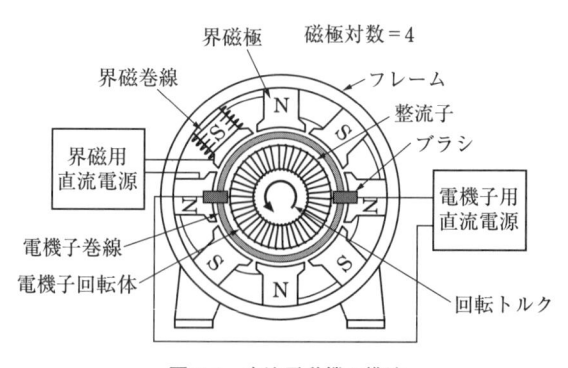

図 8.4　直流電動機の構造

回転子にはこの磁界に直交するように電機子巻線を埋め込み，それに直流電源からブラシ，整流子を介して直流電流を流す．磁界と電流のフレミングの左手の法則により電機子に回転トルクが生じ，回転子が回転する．

電機子に加える直流電圧（電機子電圧）をV_d〔V〕，電機子巻線に発生する逆起電力をE〔V〕，電機子に流れる電流をI_a〔A〕，電機子巻線の抵抗をR_a〔Ω〕，界磁極による磁束ϕ〔Wb〕，トルクT〔N·m〕，回転数をn〔rpm〕，電動機の大きさ，構造による係数をk_1，k_2として，トルク，回転数には次の関係がある．

$$\text{トルク}\quad T〔\text{N·m}〕= k_1 \cdot \phi \cdot I_a$$

$$\text{回転数}\quad n〔\text{rpm}〕= \frac{E}{k_2 \cdot \phi} = \frac{V_d - I_a \cdot R_a}{k_2 \cdot \phi}$$

これらの関係から

(a) トルクTは磁束ϕと電機子電流I_aの積に比例する．トルクを大きくするには界磁電流を増してϕを大きくするか，電機子電圧V_dを高くしてI_aを大きくする．

(b) 回転数nは，電機子電圧V_dを高くする程，磁束ϕを弱くする程増加する．

(c) $V_d > E$の状態は図8.2の第一象限（力行・運転）である．$V_d < E$の状態は直流発電機の状態で，発電電力を外部抵抗で熱的に消費させれば同図の第二象限（減速・停止）の運転となる．もし，$V_d < E$の状態で，電機子用直流電源に電動機が発生する直流電力を交流電源に戻すインバータ機能（電力回生機能）があれば直流電動機の発電電力を交流に回生し，電動機を急速に減速・停止させることができ，省ェネルギー運転が可能となる．

(d) 回転方向を逆にするには電機子用直流電圧の極性を逆にするか，または界磁電流の方向を逆にして磁界の方向を逆にする．界磁巻線のインダクタンスは大きいので，急には界磁電流の方向を変えられない．このため，通常は電機子に加える直流電圧の極性をスイッチで切り替える．

永久磁石，または界磁極を回転子に付けた回転界磁型直流電動機の固定子巻線を三巻線構造として図8.5のように電力変換回路と接続し，デバイスで各巻線に流す電流を切り替えると，ブラシと整流子のない**ブラシレス直流電動機**となる．この場合，ホール素子を使用して磁極の位置を検出し，デバイスの通電を制御する．

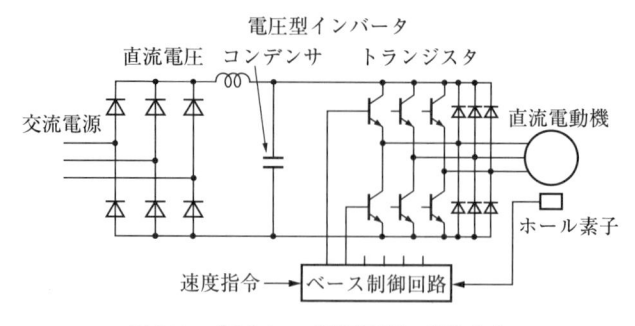

図 8.5 ブラシレス直流電動機の駆動方式

2) 同期電動機

図 8.6(a) の回転界磁型電動機で，固定子には回転磁界を発生させるため三相巻線を埋め込み，三相交流電圧を印加する。回転子が同期速度で回転しているとき，無負荷では同図(b)のように回転子は固定子巻線による回転磁界を追いかけて回転する。この状態ではトルクは発生しない。

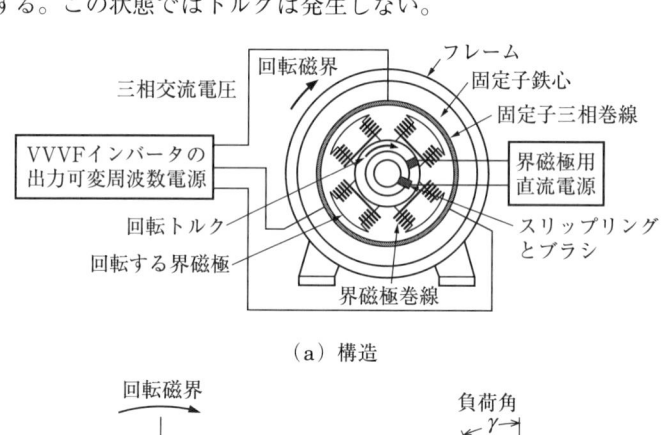

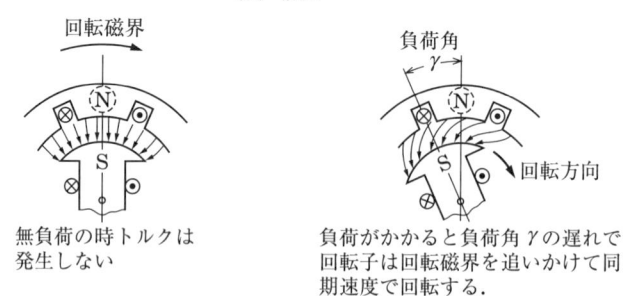

(a) 構造

(b) 回転子が無負荷のとき

(c) 負荷がかかったとき

図 8.6 同期電動機の構造と回転子，回転磁界の相対位置

回転子に負荷がかかると同図(c)のように回転子は負荷角 γ だけ遅れて回転磁界とともに同期速度で回転し，この角に応じてトルクが回転子に発生する．負荷が増加すると負荷角が増加し，それとともにトルクが増加する．

しかし，負荷角が増加してある限界を越えると回転子は追いかけ不能となり，同期外れを起こしてトルクは減少し，ついには停止する．

同期電動機の回転子が静止した状態で固定子に商用周波の回転磁界を急に発生させても起動トルクが小さいため回転しにくい．このため，回転子に特殊な巻線を付けて誘導電動機のように起動し，同期速度まで回転数が上昇するような機能をもたせている．

図8.7のように同期電動機とPWM式VVVFインバータを組み合わせ，交流電流，磁極位置，回転数を検出してデバイスにより可変周波数で回転磁界を制御すると，起動から指令する回転数まで広範囲にかつ高精度で制御することができる．**図8.5**のブラシレス直流電動機と**図8.7**の同期電動機は回転界磁型電動機として構造は基本的に同じである．

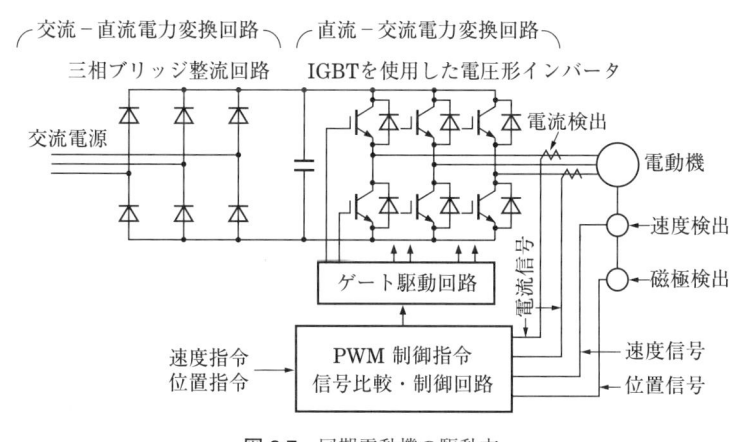

図 8.7 同期電動機の駆動方

固定子の三相巻線の交流電圧を V〔V〕，回転子の起電力を E_0〔V〕，負荷角を γ，回転子のトルクを T〔N·m〕，同期回転数を n_s〔rpm〕，交流電圧の周波数を f〔Hz〕，磁極対の数を p，電動機の常数を k として次の関係がある．

$$\text{トルク}\quad T\,[\text{N}\cdot\text{m}] = \frac{k\cdot E_0 \cdot V \cdot \sin\gamma}{n_s}$$

$$\text{回転数}\quad n_s\,[\text{rpm}] = \frac{60\cdot f}{p} = \text{同期速度}$$

これらの関係から，VVVFインバータと組み合わせると次の特性が得られる。

(a) トルクは交流電圧 V，および $\sin\gamma$ に比例する。しかし，発生する最大トルクに限界がある。トルクを増すにはVVVFインバータで交流電圧を高くする。

(b) 回転数 n_s は交流電圧の周波数 f に比例し，磁極の対の数 p に逆比例する。回転数を制御するには交流電圧の周波数をVVVFインバータで制御する。

(c) 加速するには交流電圧の周波数を高くし，減速するには周波数を低くする。回生制動するにはVVVFインバータの直流電源をインバータモードにして周波数を下げ，回転子の起電力を電源に回生させる。

(d) 回転方向を逆にするには，回転磁界の回転方向を逆にする。すなわちVVVFインバータの出力の三相交流電圧の相回転を逆にする。

3) 誘導電動機

誘導電動機の構造を**図8.8**(a)に示す。同図(b)のように，回転子に埋め込んだ二次巻線が鳥かごのように金属のバー（棒）で構成された構造を**かご形誘導電動機**という。この金属バーの代わりに，巻線を電気角で120°位相をずらして埋め込んだ回転子を**巻線形誘導電動機**という。かご形は小・中出力の誘導電動機に，巻線形は比較的低回転数で大出力の誘導電動機に使用する。

固定子鉄心に埋め込んだ三相巻線に三相交流電圧を印加すると同期電動機のように回転磁界が発生し，その磁界が回転子の金属バーを横切ると金属バーに電流が流れ，回転子に磁極N，Sが発生する。この磁極と回転磁界が引き合い反発し合って回転子が回転する。

無負荷のときは同期電動機と同じように同期速度 n_s で回転する。回転子に負荷が加わると同期速度よりも低い回転速度 n で回転し，固定子巻線に電流が流れてトルクが発生する。この回転数の低下分を**すべり** s という。無負荷のときは $s=0$ であり，負荷の増加とともに s は増加する。負荷の増加とともにすべりが増加してトルクは増加する。さらに負荷が増加すると，トルクは最大値を越えたのち減少に転じる。

(a) 構造

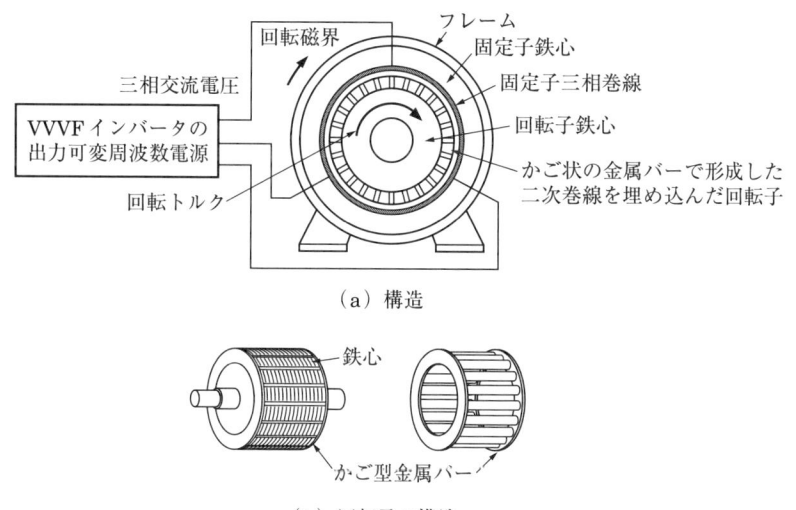

(b) 回転子の構造

図 8.8 誘導電動機

トルク T〔N·m〕，同期回転数 n_s〔rpm〕，すべり s で回転中の回転数を n〔rpm〕，固定子巻線交流電圧を V〔V〕，二次巻線誘導起電力を E_2〔V〕，常数を k とすると，次の関係がある。

$$\text{トルク}\quad T\text{〔N·m〕} = \frac{k \cdot s \cdot E_2^2}{n_s} \qquad V \propto E_2$$

$$\text{回転数}\quad n\text{〔rpm〕} = n_s \cdot (1-s)$$

これらの関係から，

(a) トルクは固定子巻線に加える交流三相電圧の2乗に比例する。トルクを制御するにはVVVFインバータの交流出力電圧で制御する。

(b) 回転子の回転数は固定子巻線の交流電圧の周波数と負荷で決まる。回転数を制御するにはVVVFインバータの出力周波数で制御する。

(c) 加速，減速，回転方向の逆転，電力の回生は同期電動機と同じである。

上記のように電動機の種類によって運転特性は異なるが，パワーエレクトロニクス技術を応用することによって，それぞれの用途に適した二象限，四象限運転および高い精度でトルク，回転数，位置を制御できる。

8.2 産業への応用

産業へのパワーエレクトロニクスの応用分野はきわめて広いので代表例を次に説明する。

8.2.1 製鉄・製鋼用圧延設備

1) 熱間圧延用電動機の制御

製鉄・製鋼産業では，溶解した鉄を溶鉱炉から取り出したのち，最終製品である厚板，薄板，形鋼，線材などに加工するまでに多くの圧延工程を経て商品となる。図8.9(a)に圧延設備の例を示す。溶鉱炉から取り出した銑鉄のインゴットを最初に圧延する工程を熱間厚板圧延という。

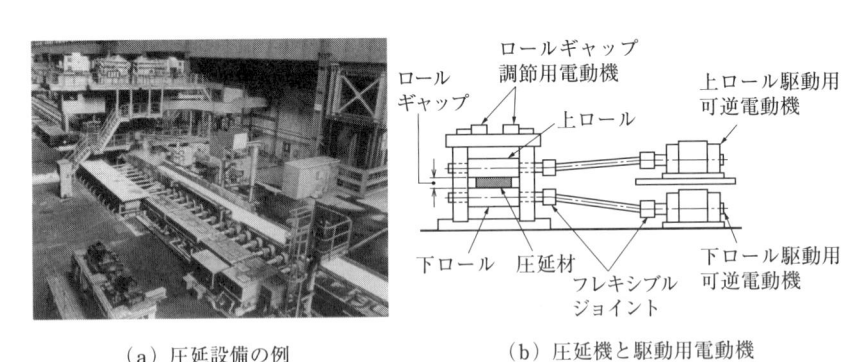

(a) 圧延設備の例　　　(b) 圧延機と駆動用電動機

図 8.9　熱間厚板圧延

同図(b)のように大型の圧延機のロールに直結した低速大容量（たとえば，10MW級）の電動機を可逆回転させつつ圧延ロールのギャップを狭くして加熱したインゴットを厚い鉄板に加工する。従来は直流電動機を広く使用していたが，最近では小形で速度応答性がよく，かつ保守が容易で安価な誘導電動機を使用している。その例として，10MW級誘導電動機とその駆動用回路の例を図8.10に示す。誘導電動機は巻線型回転子で，その回転数は5.2.2項で説明したサイクロコンバータの出力周波数を可変にして制御し，可逆運転はコンバータの出力の三相交流の相回転を可逆にすることによって行なう。

8.2 産業への応用

(a) 大型圧延機駆動用10MW誘導電動機　　(b) 可逆運転用サイクロコンバータ

図 8.10　熱間圧延用電動機と回路の例

2) 連続圧延用電動機の制御

　薄形鋼板，L型鋼，棒鋼，線材などの圧延には圧延機に直結した電動機を多数，

(a) 形鋼連続圧延用誘導電動機群

(b) PWM式VVVFインバータ回路

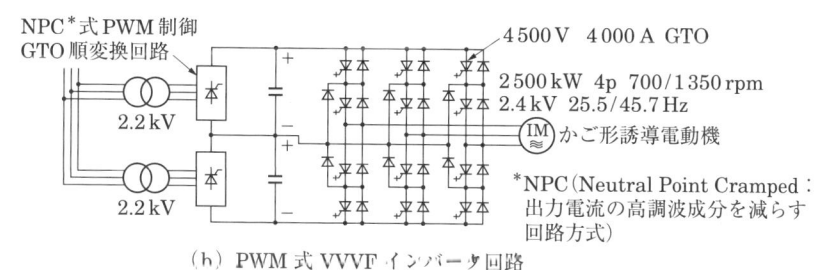

図 8.11　連続圧延設備と回路の例

図8.11(a)のように圧延材の流れる方向に並べ，中・小容量（2500kW級，またはそれ以下）の誘導電動機で圧延機の回転数をそれぞれ協調をもって駆動する。その駆動回路の例を同図(b)に示す。この回路構成は電圧型PWM式のVVVFインバータで，回転数とトルクの即応性がよい**ベクトル制御**と電流の高調波を抑制した制御方式を使用している[1]。

8.2.2 産業用電動機の制御

1) 工作機用電動機の制御

たとえば，抄紙機，鉄・非鉄金属の薄板圧延機，およびその補機，工作機，クレーンなどの誘導電動機の可逆運転，回転速度を精密制御するにはベクトル制御の電圧形PWM式VVVFインバータを使用する。その例として，工作機用160kW誘導電動機の回路構成を図8.12に示す。交流電源を順変換して直流600Vとし，IGBTを使用した三相ブリッジ回路をPWMで（キャリア周波数を20kHz）制御して出力電圧の周波数を0から75Hz可変の交流電圧に変換して誘導電動機を駆動する。

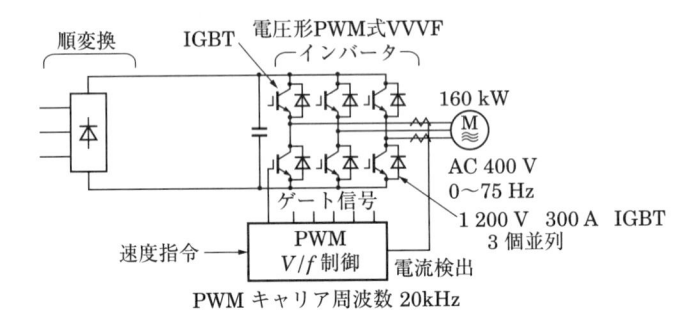

図8.12 工作機用ベクトル制御PWMインバータ回路の例

2) ロボット用電動機の制御[2]

生産現場のほか医療，福祉などあらゆる分野に多種多様のロボットが使われており，今後ますます応用分野は拡大していく。ロボットの用途，要求される性能によるが，それぞれの関節には小形・軽量，高トルクで低慣性の電動機を付けている。最近では高磁束密度の永久磁石を回転子とし，固定子に巻線を組み込んだ同期電動機を使用している。電動機を頻繁に急加速，急停止させるためには回転

子を低慣性にする必要があり，このため回転子を長く，直径を小さく，かつ軽い構造にしている。

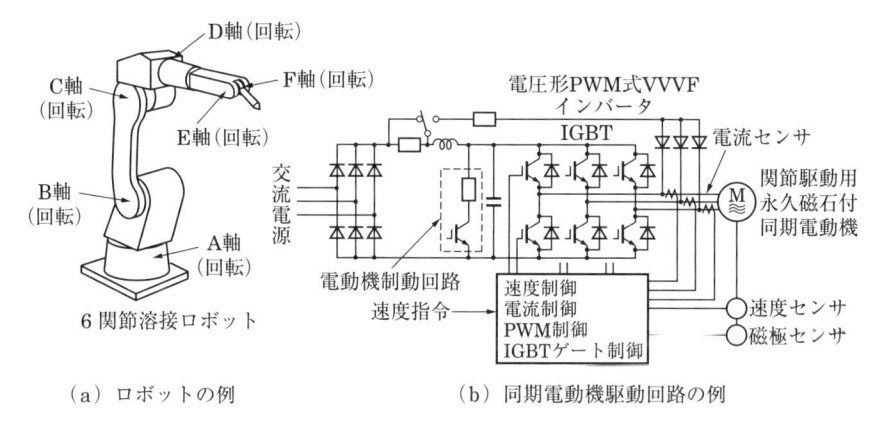

図 8.13 ロボットと電動機駆動回路の例

(a) ロボットの例
(b) 同期電動機駆動回路の例

図8.13(a)にロボット（関節型）の外形の例を，同図(b)にロボット用同期電動機の駆動回路の例を示す。回路の基本はIGBTを使用した電圧形PWM式VVVFインバータである。電動機の電流，および回転速度と磁極位置を検出してPWMの制御回路にフィードバックし，インバータで可変電圧，可変周波数の交流電力に変換して同期電動機を駆動する。

8.3　交通・輸送機器への応用

8.3.1　最新型の通勤・新幹線車両の電動機駆動方式

1）E233系通勤電車[3]

東京圏の人口増加に対する通勤輸送は1987年の国鉄民営化によりJR東日本がその業務を引き継いだ。通勤電車の近代化のコンセプトは，メンテナンスフリー，省エネルギー（軽量），乗・降時間の短縮，通勤の快適さといえる。

東京圏の通勤電車は，1960-70年代に量産された101系，103系以降，201系，205系，209系を経て，JR東日本が開発した最新鋭のE233系が中央線快速，青梅・五日市線で運行している。今後順次に京浜東北・根岸線の209系がこの

E233系に交代することになっている。このE233系は故障時に対応するため，重要な機器・システムは二重系になっている。**表8.1**におもな通勤電車の駆動機器の変遷を示す。

表 8.1　東京圏の通勤電車の変遷（要点）

	103系	201系 中央線	205系 山手線	209系 京浜東北線	E233系 中央線
運転開始年	1964	1979	1985	1991	2006
車両編成*(10両)	6M 4T	左に同じ	左に同じ	4M 6T	6M 4T
最高運転速度〔km/h〕	100	100	100	110	120
力行制御	抵抗制御	サイリスタチョッパ	抵抗制御	VVVF-インバータ	VVVF-インバータ
電動機	直流機	直流機	直流機	誘導電動機	誘導電動機
1台の定格出力〔kW〕	110	150	120	95	128
1編成台数(10両)	24	24	24	16	24

　　　　＊　M：電動機付牽引車　　T：付随（トレーラ）車　　数字は車両の数

　最初にパワーエレクトロニクスを応用した通勤電車は1979年に運用開始したチョッパによる直流電動機制御の201系であった。その後，1986年に電圧形PWM式VVVFインバータが207系に採用され，さらに技術的改良が加えられて2006年から最新のE233系が運転されている。**図8.14**(a)に中央線快速電車の編成と，同図(b)に誘導電動機の駆動回路を示す。

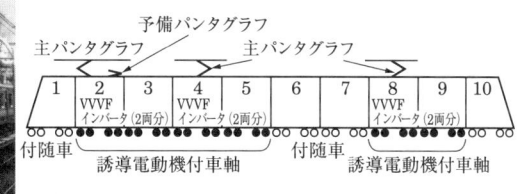

(a) 編成

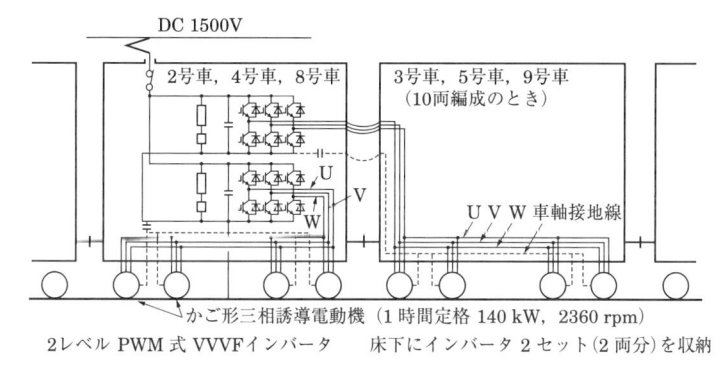

(b) 誘導電動機駆動回路（概念図）

図 8.14　E233系通勤電車の電動車の配置と駆動回路

同図(a)のように電動車2両で1グループ（1編成に3グループ），付随車4両の合計10両で構成している。電動車2両の内の1両の床下にはIGBTを使用した電圧形PWM式VVVFインバータが2セットあり，各セットは1両の車軸にある4台の128 kW三相かご形誘導電動機を駆動している。

2) N700系新幹線「のぞみ」高速電車[4],[5],[6]

戦後，国をあげて技術開発と建設に多大な努力と資金を傾注して，東京オリンピックの年の1964年10月に東京－新大阪間を4時間で結ぶ新幹線の0系「ひかり」（最高速度220 km/h）が開業した。その後もたゆまぬ技術開発が続けられ，2007年にJR東海とJR西日本が共同開発した最新型のN700系「のぞみ」（同東海道270 km/h，山陽300 km/h）の運行開始により同じ区間の所要時間は2時間25分になった。N700系の「N」は「ニュー」または「ネクスト」700系の意味が込められている。すべての新幹線網で年間約2.8億人を輸送している。

N700系は以前の700系の構造と特性はほぼ同じであるが，大きな改良点は曲

線走行時に車体をわずかに内側に傾けることによって曲線通過速度を向上できる特徴があり，また電動機の出力と台数も増やしている．

このN700系の誘導電動機の駆動システムは最新のパワーエレクトロニクス技術で構成されている．表8.2に歴代の新幹線車両の要点を示す．これからパワーエレクトロニクスの進歩がわかる．

表8.2 新幹線の駆動システムの変遷

形式	0系	100系	300系	700系	N700系
運転開始年	1964年	1985年	1992年	1999年	2007年
架線電圧	AC 25kV, 60Hz	左に同じ	左に同じ	左に同じ	左に同じ
編成(M;電動機車 T;付随車)	16M	12M 4T	16M 6T	16M 6T	14M 2T
定員(人)(含むグリーン車)	1,340	左に同じ	1,323	左に同じ	左に同じ
運転最高速度(東海道／山陽)	220km/h	220km/h	270km/h	270/285km/h	270/300km/h 車体傾斜装置付
1両編成重量	970 ton	925 ton	710 ton	708 ton	700 ton程度
車体材料	鋼鉄製	鋼鉄製	アルミ合金製	左に同じ	左に同じ
力行制御	変圧器タップ切換	サイリスタ位相制御	VVVF制御	左に同じ	左に同じ
使用デバイス	ダイオード	サイリスタ	GTO	IGBT	左に同じ
ブレーキ	発電ブレーキ	左に同じ	交流回生ブレーキ	左に同じ	左に同じ
	空気ブレーキ	左に同じ	左に同じ	左に同じ	左に同じ
1編成電力	11,840kW	11,040kW	12,000kW	13,200kW	17,080kW
電動機	直流電動機	直流電動機	三相かご型誘導電動機	左に同じ	左に同じ
1台あたりの出力	185kW	230kW	300kW	275kW	305kW
1編成使用台数	64台	48台	40台	48台	56台
1編成のパンタグラフの数	8台	6台	2台	2台	2台

図8.15(a)にN700系新幹線の先頭車を，同図(b)に車輌編成を示す．同図(c)に駆動回路を示す．N700系は16両を1編成とし，そのうち両端の2両が運転室付車両（付随車）で，4両の動力車からなるグループが2組，3両の動力車と1両の付随車からなるグループが2組で構成されている．

(a) N700系新幹線「のぞみ」

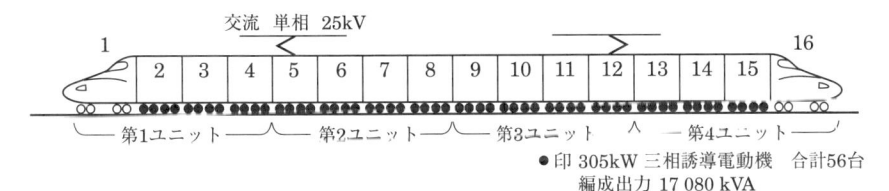

(b) 編成

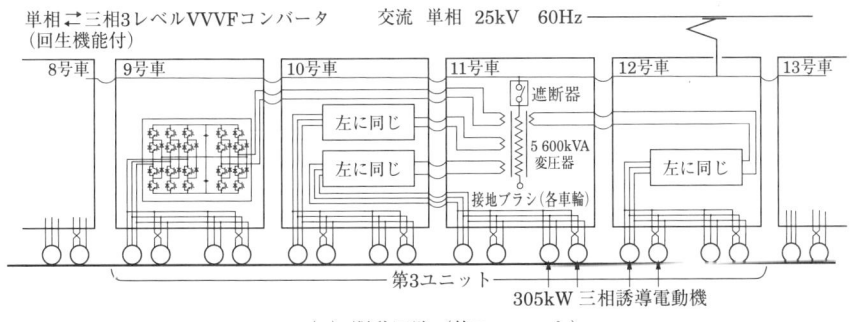

● 印 305kW 三相誘導電動機　合計56台
編成出力 17 080 kVA

3レベル PWM 式 VVVFインバータ　合計 14 セット

(c) 駆動回路（第3ユニット）

図 8.15　N700系新幹線「のぞみ」の編成と駆動回路

1編成16両のうち14両が動力車であるため，動力車の各車軸に結合した305 kWのかご形誘導電動機を合計56台で走行している。すなわち，1編成に合計14セットのIGBTを使用した電圧形PWM式VVVFインバータを床下に取り付け，運行している。同図(c)に電圧形PWM式VVVFインバータ回路を示す。このインバータは電動機の電流波形を正弦波に近づけるために工夫した制御方式を採用している。

8.3.2 エレベータ[7],[8]

　超高層ビル，高・低層のビル，マンションをはじめ，駅内，高齢者用設備など，エレベータの需要は増加している。1998年の法令改正により，従来規定されていた屋上の機械室の設置が規制緩和され，これに伴い機械室のない省スペース，省エネルギー，省メンテナンスの技術開発が進んだ。エレベータは定格走行速度120 m/分以上を高速，105 m/分以下を低速エレベータといい，最高速度1 010 m/分の超高速エレベータがある。

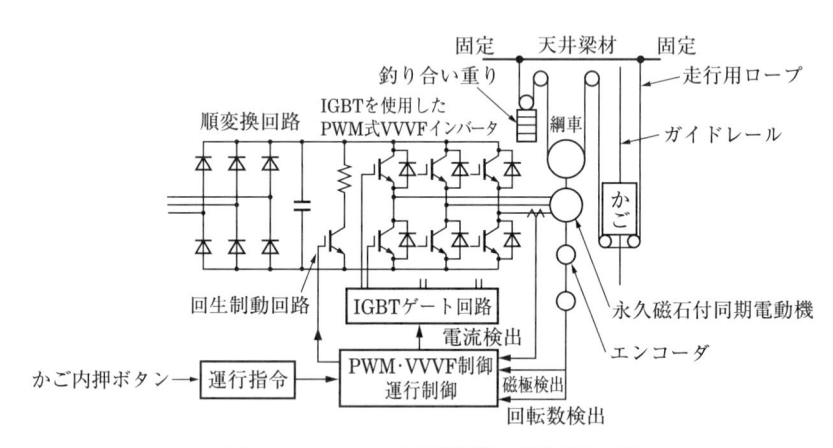

図8.16　エレベータ用電動機の駆動回路の例

最近の技術動向は，
 (a) ビルの高層化に伴う高速化
 (b) 巻き上げ機は減速ギヤなし，電動機の形状は省スペースのため大きい直径で偏平な構造，または直径が小さくて細長い構造の永久磁石付同期電動機
 (c) 制御パネルを薄くしてエレベータ昇降路の建物の壁面への取り付け
 (d) 電動機の制御はIGBTを使用した電圧形PWM式VVVFインバータ
 (e) インバータの直流回路に蓄電池を接続して回生電力の蓄電と，その電力を非常用電源とする省エネ・防災機能

である。図8.16に巻き上げ用永久磁石付同期電動機の駆動回路の例を示す。

8.3.3 ハイブリッド車 [9]

最近のガソリンの高騰，CO_2の削減，および世界的な地球環境改善意識の高まりにより，低燃費の車の需要が高まっている．各自動車メーカーは低燃費とCO_2排出量節減のため，ガソリンエンジンと蓄電池を併用したハイブリッド車のほか，水素，または燃料電池を使用した車の開発に取り組んでいる [10]．

1994年にトヨタが初めてハイブリッド車Priusの市販を開始し，現在は第2世代のPriusが2003年から販売されている．このハイブリッド車は，ふつうのガソリン車（1500 cc級）の1リットルあたりの走行距離は18 km/ℓ（規定の走行モード）であるが，現在のPriusは同様の走行モードで35.5 km/ℓである．

図8.17(a)にPriusの外形と機器の配置，同図(b)に電動機駆動回路を示す．エンジンと電動機／発電機の使い分けは，

(a) 急加速時，および登坂時はエンジンと，Ni-H_2電池を電源とした電圧型PWM式VVVFインバータで回転する永久磁石付同期電動機の両方を動力源として前輪を駆動する．

(b) 低速走行時は主として電動機で走行する．

(c) 定常走行時はエンジンと電動機の両方を使用し，もっともよい燃費の条件をコンピュータで選択し，走行する．

(d) 減速時には電動機を発電機とし，その出力で蓄電池を充電する．

(e) 停車時は電動機もエンジンも停止し，アイドリングによる燃料消費はない．

前輪の車軸に伝える動力は，1 496 ccエンジンの動力と50 kW電動機/発電機の動力との分担・制御を回転軸に付けた動力分割機構で行なう．電動機は回転子に永久磁石を埋め込んだ構造で，定格電圧は500 V，出力は50 kWである．

Ni-H_2電池の最小セルは1.2 Vで，それを多数直列にして201.6 Vに構成してある．電気回路は同図(b)のように，この201.6 Vの電圧を昇圧チョッパで直流500 Vとし，これを電源としてIGBTを使用した電圧形PWM式VVVFインバータの出力で電動機を駆動している．

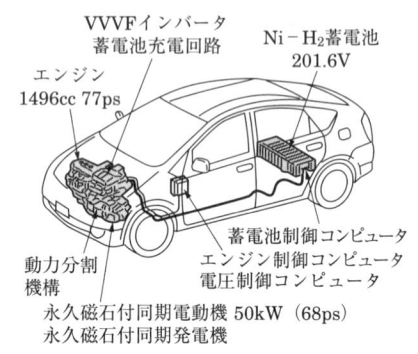

164 第8章 パワーエレクトロニクスの応用 － 電動機制御 －

(a) ハイブリッド車「Prius」と主要機器の配置

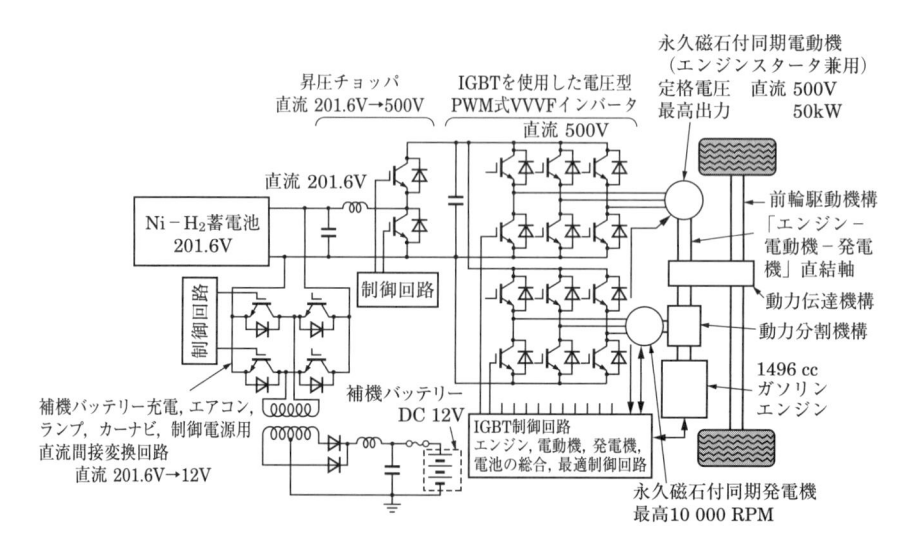

VVVFインバータ
蓄電池充電回路
Ni-H₂蓄電池 201.6V
エンジン 1496cc 77ps
蓄電池制御コンピュータ
エンジン制御コンピュータ
電圧制御コンピュータ
動力分割機構
永久磁石付同期電動機 50kW (68ps)
永久磁石付同期発電機

(b) 電気回路 (資料提供：埼玉トヨタ)

昇圧チョッパ 直流 201.6V→500V
IGBTを使用した電圧型 PWM式VVVFインバータ
永久磁石付同期電動機 (エンジンスタータ兼用)
定格電圧 直流 500V
最高出力 50kW
直流 500V
直流 201.6V
Ni-H₂蓄電池 201.6V
制御回路
前輪駆動機構
「エンジン－電動機－発電機」直結軸
動力伝達機構
動力分割機構
1496 cc ガソリンエンジン
補機バッテリー充電, エアコン, ランプ, カーナビ, 制御電源用
直流間接変換回路 直流 201.6V→12V
補機バッテリー DC 12V
IGBT制御回路 エンジン, 電動機, 発電機, 電池の総合, 最適制御回路
永久磁石付同期発電機 最高 10 000 RPM

図 8.17 ハイブリッド車「Prius」の構造と電気回路

参考文献

(1) 「電気工学ハンドブック」,『電気学会』1988, pp.731～733
(2) 海老原大樹, 熊田正次, 尾崎秀樹『ロボット用モータ技術』日刊工業新聞社, 2005
(3) 畑　弘敏「東日本旅客鉄道株式会社　E233系一般形直流電車」,『車両技術』233号, 3月, 2007, pp.3-21
(4) 田中　守, 吉江則彦「東海道・山陽新幹線直通用次世代車両「N700系」量産車の概要」,『JREA』, Vol.49, No.7, 2006, pp.31740-31744
(5) 佐藤賢司, 古屋正嗣, 渡辺章弘「N700系新幹線電車の車両システム」,『JREA』, Vol.49, No.4, 2006, pp.31572-31575
(6) 臼井俊一, 則　直久「JR東海・JR西日本　N700系新幹線電車」,『車両技術』235号, 3月, 2008, pp.3-21, 日本鉄道車両工業会
(7) 阿部　茂「機械室レスエレベータ」,『電気学会誌』Vol.127, No.2, 2007, pp.102-105
(8) 石井隆史, 松岡寛晃, 染谷誠一「革新を続けるエレベータ」,『東芝レビュー』, Vol.76, No.5, 2002, pp.28-31
(9) 「特集　21世紀の自動車と電気工学」,『電気学会誌』Vol.122, No.6, 2002, pp.354-373

問題

1) 電動機の四象現運転を説明せよ。
2) 永久磁石を使用した電動機が使用されるようになった理由は何か。

ひと休み 8-1

電動機の小形化を支える高性能永久磁石

　8.1.1項の電動機の原理のように，電動機のトルクは磁界の強さに比例する。従来の電動機は，珪素鋼板に銅線を巻き，それに直流電流を流して磁界を形成していた。このような構造の磁界発生方法では電動機の容積も重量も大きく，また界磁用直流電源が必要であった。

　永久磁石の性能の目安は「最大エネルギー積：$(BH)max$」で評価される。1970年代，永久磁石として希土類金属のSmCo(サマリウム・コバルト)系が開発された。1980年代，Nd-Fe-B(ネオジウム・鉄・ボロン)系が注目され，$Nd_2Fe_{14}B$の組成の焼結磁石は，$(BH)max$が$400 kJ/m^3$以上，飽和磁化Msは$1.60 T^*$の強力な永久磁石が開発された[1]。

　豊富な鉄と，希土類元素の中でも入手しやすいネオジウムを材料とし，粉末冶金法で大量生産できるこのNd-Fe-B系焼結永久磁石は急速に応用分野が広がり，パソコン，携帯電話，デジタル家電，各種電動機などに使われるようになった。

　電動機への永久磁石の応用は1990年代前半では200 ton/年であったが，2000年に入り急速に増加し，2003年には約9倍に達している。最近では，メカトロ用サーボモータ，エアコン用コンプレッサモータ，ハイブリッド車，エレベータ巻上げ機用モータ，風力発電機など，小－大容量の同期機の界磁極として電力変換回路と組んで使用されている。2001年に建設された大容量風力発電の2 000 kW同期発電機の界磁極として永久磁石が付いている。例として，出力55 kWの誘導電動機と永久磁石付同期電動機を比較すると，永久磁石付は容積では約55％，重量では約52％の小形・軽量になった[2]。図-8.1に電動機の構造の例を示す。

＊　T：テスラ（磁束密度の大きさ）。

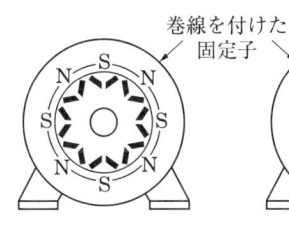

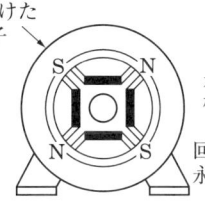

図-8.1

参考文献
(1) 福永博俊「高性能永久磁石の現状」,『電気学会誌』Vol.124, No.11, 2004, p.694
(2) 石橋利之「高性能永久磁石により進化する大型モータ」,『電気学会誌』Vol.124, No.11, 2004, pp.711-714

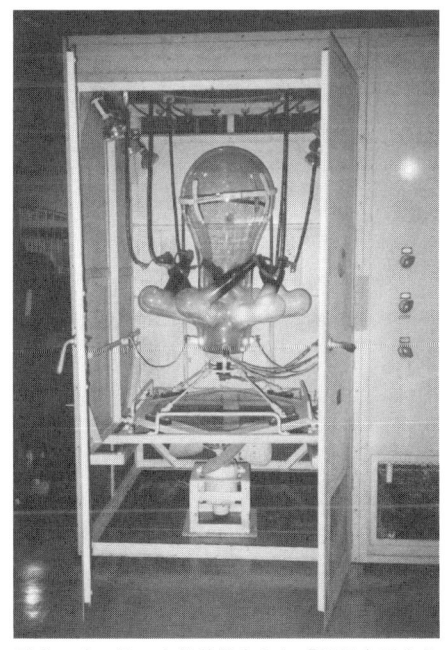

1950年（昭和25年）頃まで某私鉄の直流変電所で電車の運行に使用していたガラス製水銀整流器（直流出力 1500V, 167A, 125kW）。この年代以降，シリコンダイオードに置き換わった。
電力変換回路は相間リアクトル付二重星型回路。

平成20年3月，文部科学省より「登録有形文化財」として登録され，動態保存されている。
写真提供；日本工業大学 工業技術博物館

ひと休み 8-2

省エネ，CO_2 削減に努力する新幹線

　1年間に新幹線網を利用する旅客は約2.8億人（2003年）といわれている。JR各社は新鋭電車の投入を続けて，快適さ，早さ，電力費の削減（すなわちCO_2削減）を追及している。2004年のわが国の総発電量は1兆1 373億kWHで，この内の約65.7％の7 471億kWHが火力による発電で，この部分がCO_2の発生源になっている。全国の電気鉄道で消費する電力量は約1.9％の219億kWhである[1]。

　一方，2003年にわが国のCO_2排出総量約12.6億トンの内，鉄道が排出した量は約780万トンであるから，概算するとCO_2排出量は350 gr/kWhとなる[2]。輸送手段別に「乗客1人・1 km」あたり移動するのに排出するCO_2の量を比較すると図-8・2のようになる。この図から，鉄道輸送がもっとも排出量が少なく，環境に優れた輸送手段であることがいえる[3]。

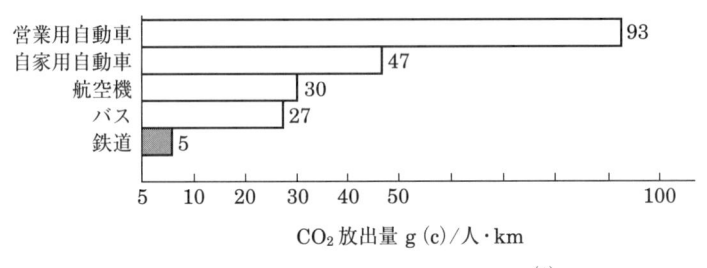

図-8.2　輸送手段別のCO_2排出量（g(C)）[1]

輸送手段	CO_2放出量 g(c)/人・km
営業用自動車	93
自家用自動車	47
航空機	30
バス	27
鉄道	5

　1964年（東京オリンピックの年）に開業した東海道新幹線で最初に走行した0系から100系（82年），300系（92年），700系（99年）を経て07年秋から運行している最新型N700系に至る技術の過程を見ると，16両編成，定員1 323人（300系以降）は変わらずに，多くの点で車両技術の進歩がわかる[4], [5]。

　新幹線車両で省電力（CO_2削減）に結び付くおもな項目は，

(1) 車体・編成重量の削減　　0系では鋼鉄構造をN700系ではアルミ合金に，0系，100系の直流電動機は300系以降は誘導電動機に変更，台車の改良などによ

り，1編成16両の重量は970 tonから約700 ton（約28％の減）になった。

(2) 高効率の電動機制御　0系では変圧器のタップ切替えとサイリスタの位相制御であったが，N700系ではIGBTを使用したPWM式電圧形インバータによるVVVF14セットにて1編成56台の305 kW誘導電動機を制御し，減速時には最大の電力回生を行なうようにしている。

(3) 走行抵抗の低減　走行抵抗は速度に比例する機械（摩擦）抵抗と速度の2乗に比例する空気抵抗がある。700系では空気抵抗を減らすため，先頭車両を「かものはし」のようなロング・ノーズ形状にし，車体側面および車両の下面を平滑にしてある。パンタグラフの数は0系の8台から2台に減らしている。この結果700系の200 km/h走行時での空気抵抗は0系の約63％（37％減）になった。

(4) 運転パターンの最適化　最近の新幹線の運行パターンは，高出力の誘導電動機でできるだけ早くトップスピードまで速度を上げ，途中で減速・加速せずにトップスピードを維持して走行し，減速・停止時にはできるだけ大きな電力を回生する。

N700系では，曲線走行時に車体を自動的に傾けることにより，基準曲線である半径2500 mの曲線を最高速度で通過できる。この技術により東京－新大阪間の所要時間は700系に比べて8分短縮された（市販の時刻表の列車番号，1Aと3Aの比較による）。

上述した多岐に亘る技術開発によって，東京－新大阪間の消費エネルギーは0系（最高速度220 km/h）に比較してN700系（270 km/h）は32％減の68％で走行しているという。新幹線網全体では膨大な量の電力を削減している。

JR各社は「より快適に，より早く，より省電力（CO_2削減）」をめざして研究開発を続けている。

参考文献
(1)「電力需給」，『朝日データ年鑑　2006年』朝日新聞社，p.179
(2)「環境問題」，『朝日データ年鑑　2006年』朝日新聞社，p.210
(3) 水間毅「鉄道車両の省エネルギー」，『電気学会誌』Vol.123, No.7, 2003, pp.402-405
　そのほか　本章末の参考文献 (4), (5), (6) を参照

付記
古屋政嗣，鎌田恵一，小峰　彰，関野眞一の各氏は『N700系新幹線電車における車体傾斜システムの実用化と省エネルギーの推進』により，平成20年度電気学会進歩賞を受賞した。

問題の解答

第1章

1) (a) 1947年の点接触ゲルマニウムトランジスタの発明，(b) 1950年の接合面をもつゲルマニウムトランジスタの発明，(c) 1957年のサイリスタの発明，(d) 1959年の集積デバイスの発明。

2) 半導体と電力と制御の三つの領域を結び付ける技術分野をいう。換言すれば「半導体パワーデバイスとその制御によって電力の制御を行なう技術分野」をいう。

3) 半導体デバイスがもつ多くの特徴が認められ，より大きな電力を制御する需要（たとえば，製鉄・製鋼用大容量電動機の制御）が高まり，その需要に応えるため，より高電圧，大電流のデバイスの開発が進められた。

第2章

1) パワーデバイスをオン・オフさせるためには，(a) バイポーラトランジスタではベース電流のオン・オフ，(b) MOSFETではゲート〜ソース間の電圧，IGBTではゲート〜エミッタ間の電圧のオン・オフ，(c) サイリスタはゲート電流によりオン状態になるが，オフ状態にするにはなんらかの方法（電源転流，強制転流など）によりオン電流をゼロにする。

2) (a) MOSFET，IGBTとも電圧信号でオン・オフできるので，信号回路の負荷は高インピーダンスのため小形・軽量にできる利点がある。(b) オフからオンへ，オンからオフへの移行時間（スイッチング時間）はサイリスタに比べてきわめて早く，kHzからMHzのオン・オフが可能である。このため，PWM式インバータのキャリア周波数を高くでき，出力の電圧，電流波形を正弦波に近づけることができる。

3) (a) 採掘した珪石を金属シリコンに加工した後，塩酸を加えて3塩化シリコンガスにする。このガス化により多結晶シリコンは高純度になる。(b) FZ，CZシリコンは高純度の不活性ガスの雰囲気で製造するため，シリコン単結晶は高純

度が維持される。

第 3 章

1) バイポーラトランジスタは電子と正孔の二つのキャリアの移動によってコレクタ電流の通電を担うが，モノポーラトランジスタであるMOSFETでは，nチャンネル型では電子のみが，pチャンネル型では正孔のみが通電を担う。

2) (a) 共通点は，両デバイスとも電圧信号でオン・オフ動作が可能である。(b) 相違点は，(1) IGBTはMOSFETとバイポーラトランジスタの複合デバイスであること，(2) MOSFETは電子か，または正孔のどちらかが通電を担うが，IGBTは電子と正孔の両方が通電を担う。(3) MOSFETのほうがスイッチング時間が小さいため，MHz級のオン・オフが可能である。

3) デバイスを使用する際，とくに注意すべき項目は，(a) ダイオード：いかなる使用条件でもピーク動作逆電圧，ピークくり返し逆電圧，ピーク非くり返し逆電圧の定格値を超えないこと。(b) バイポーラトランジスタ：品名に記載されている諸条件で定められた安全動作領域を超えてオン・オフ動作をさせないこと。(c) MOSFET：デバイスチップにダイオードが内蔵していない場合，ドレイン～ソース間に逆電圧が加わらないように外部にダイオードを接続する。(d) IGBT：デバイスチップにダイオードが内蔵していない場合，コレクタ～エミッタ間に逆電圧が加わらないように，外部にダイオードを接続する。(e) 電流(または光トリガ)サイリスタでインバータ運転する際，転流ターンオフによってオン状態からオフ状態にするとき，品名で定められたターンオフ時間よりも短い逆電圧印加時間ののち正の電圧が陽極に加わるとターンオフ失敗を起こし，オン状態が継続してサイリスタに事故電流が流れる。ターンオフ失敗を避けるため，回路設計により逆電圧印加時間に余裕（ターンオフ時間以上）をもたせる。

第4章

1) MOSFETのゲート電極とソース間，IGBTのゲート電極とエミッタ間には構造上きわめて薄い絶縁層がある。この層は薄いために小さなキャパシタンスが存在し，この層に正のゲート電圧が加わると小さな充電電流が流れ，負のゲート電圧が加わると小さな放電電流が流れる。このため，この小さな充・放電電流を流しうる電圧信号回路が必要である。

2) デバイスがオン・オフ動作をする際の電力損失は，(a)ターンオン時，(b)オン状態，(c)ターンオフ時，に発生し，それぞれ電圧と電流の積によってデバイスの接合部の温度を高める。この電力損失を低減するため，(1)デバイスの陽極にリアクトルを接続してオン電流上昇率を低減する，(2)デバイスに並列にコンデンサと抵抗からなるスナバ回路（CR回路）を接続してオフ電圧の上昇率を抑える，(3)十分なゲート（ベース）電流を流してオン電流がデバイスの接合の局部に集中することを避ける。

第5章

1) ダイオードを使用した三相全波整流回路ではダイオードに加わる逆電圧最大値は線間電圧200Vの最大値であるから $200\,\mathrm{V} \times \sqrt{2} = 283\,\mathrm{V}$（表5.2参照）

2) (a)

図中：
$\alpha = 45°$，$\sqrt{2}\left(\dfrac{200}{\sqrt{3}}\right)\sin\theta$　(　)は相電圧実効値 V_p

$V_d = 95.5\,\mathrm{V}$，誘導負荷，$30°$，$\dfrac{2\pi}{3}$

$$V_d = 1.17 \cdot V_p \cdot \cos 45° = 95.5\,\mathrm{V}$$

（$V_p = 115.5\,\mathrm{V}$，$\cos 45° = 0.707$）

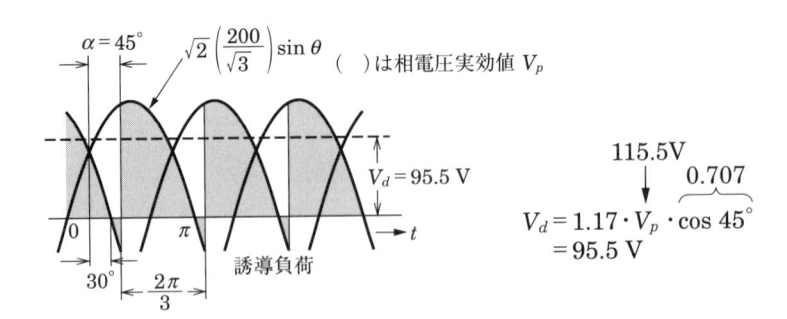

(b)

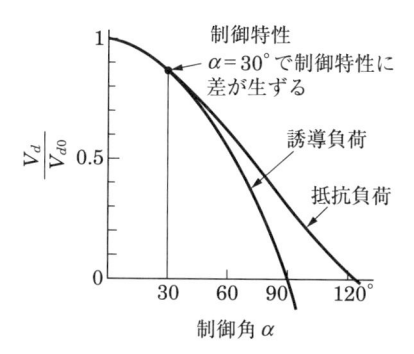

制御特性
$\alpha=30°$で制御特性に差が生ずる

誘導負荷
抵抗負荷

縦軸 $\dfrac{V_d}{V_{d0}}$、横軸 制御角 α

V_{d0}：$\alpha=0$ のときのV_d
V_d：αがある値のときのV_d

(a)の波形において，抵抗負荷ではαが30°以上では直流電圧がゼロになると直流電流もゼロとなるが，誘導負荷では直流電流が流れ続けるので直流電圧波形に(a)の波形のように負の部分が生じる。制御特性に差が生じるのは$\alpha \geqq 30°$である。

3) (a) 図5.19からわかるように縦軸をV_d/V_D，横軸をT_{on}/Tとすれば，$V_d/V_D = T_{on}/T$の関係があり，下図となる。

(b) $V_D = 1500\,\mathrm{V}$，$T_{on}/T = 0.6$であるから，$V_d = V_D \times 0.6 = 1500 \times 0.6 = 900\,\mathrm{V}$

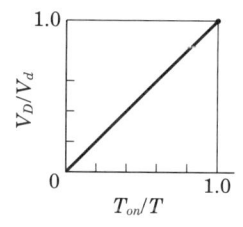

縦軸 V_D/V_d、横軸 T_{on}/T

4) 電圧型インバータの直流側にコンデンサ，または電池があるため直流側は定電圧源である。したがって，インバータの出力電圧波形は矩形状となり，電流波形は回路のインダクタンスにより正弦波に近い形状となる。電流型インバータは直流回路のインダクタンスのため直流電流は変化しない定電流源となる。このためインバータの出力電流は矩形波となり，電圧波形は回路のインダクタ

ンスのため正弦波に近くなる。電圧型の場合，高いキャリア周波数でPWM制御すれば電圧波形は櫛状波になり，より正弦波に近くなる。電流型では方形状の電流波形に含まれる高調波成分を出力側のフィルタで吸収させて電流波形を正弦波に近づける。

5) 高調波を低減する方法として，(a)サイリスタを使用した交流－直流電力変換回路では，相数を増やし，制御角αを小さくして運転する。直流回路に高調波に同調したフィルタ回路を接続する。(b)交流－交流電力変換回路では，制御角を小さくし，交流フィルタ回路を交流側に接続する。(c)直流－直流電力変換回路では，オン・オフ周波数を高くし，直流側にフィルタ回路を接続する。チョッパでは多相構成として高調波を減らす。(d)直流－交流電力変換回路では，出力回路の相数を増すか，高いキャリア周波数のPWM方式で出力電圧波形を正弦波に近づける。交流側の線間，または相間に高調波に同調した共振フィルタ回路を接続する。

第6章

1) 家電機器の目指す技術方向は，(a)使用時の消費電力の低減，(b)待機時の消費電力の低減（CO_2排出量の低減）である。標準家庭の三大電力消費機器はエアコン，冷蔵庫，照明器具である。これらの省電力，高効率化については6.1節の2），5），7），および6.2節の1）に，待機時消費電力については「ひと休み－6」に解説してある。

第7章

1) 50 Hzと60 Hzが共存するようになった理由は7.1節，および「ひと休み－7」参照。日本縦断の電力幹線を構築する理由は，日本には多数の原子力，火力，水力発電所が分散しており，それらを縦断幹線で結ぶことによって発電設備の有効利用，発電系統の広域運用と適正予備力の維持，緊急時の電力融通が可能となるためである。

2) (a)直流送電，周波数変換は交流系統の連系が目的であるから電力方向の可

逆制御が必要条件となる。電力の可逆制御の方法については図5.16，および図5・18に解説した。電流型インバータでは5.2.3項の2)のように，位相角αを制御することによって容易に電力の方向を制御できるので，大容量の交流－交流電力変換には電流型インバータが使用される。(b)高電圧大容量のサイリスタ変換装置では多数のサイリスタを直列に接続する必要があり，それらに同時にゲート信号を分配してターンオンさせる必要がある。この用途では図7.6で説明したように，光トリガサイリスタと光トリガ信号伝送システムは電流トリガサイリスタに比べて多くの利点がある。このような利点から光トリガサイリスタは表7.1のように高電圧の電力変換に必要不可欠なデバイスである。

第8章

1) 電動機の四象現運転とは図8.2のように，一方向の加速・減速・停止，逆方向の加速・減速・停止を行なう運転方式で，とくにロボットの運転に必要である。
2) 永久磁石を使用した電動機が広く使用されるようになったのは，(a)比較的安価で高磁束密度の磁性材料が開発され，(b)その磁石の応用技術が進歩し，(c)電動機を小形・軽量化できるようになったことによる。

付　録

1) 元素の周期表

	Ia																	
		IIa	IIIa	IVa	Va	VIa	VIIa	VIII			Ib	IIb	IIIb	IVb	Vb	VIb	VIIb	He	
1	H																		1
2	Li	Be											B	C	N	O	F	Ne	2
3	Na	Mg											Al	Si	P	S	Cl	Ar	3
4	K	Ca	Sc	Ti	V	Cr	Mn	Fe	Co	Ni	Cu	Zn	Ga	Ge	As	Se	Br	Kr	4
5	Rb	Sr	Y	Zr	Nb	Mo	Tc	Ru	Rh	Pd	Ag	Cd	In	Sn	Sb	Te	I	Xe	5
6	Cs	Ba	L	Hf	Ta	W	Re	Os	Ir	Pt	Au	Hg	Tl	Pb	Bi	Po	At	Rn	6
7	Fr	Ra	A	L, Aに属する元素は省略															

非金属／元素周期表／半金属／半導体デバイスの基本元素／非金属／不活性ガス／金属／半金属／3価　4価　5価

2) 10の整数乗を示す接頭語

単位に乗せられる倍数	名　　称	記号	単位に乗せられる倍数	名　　称	記号
10^{18}	エ ク サ (exa-)	E	10^{-1}	デ シ* (deci-)	d
10^{15}	ペ タ (peta-)	P	10^{-2}	セ ン チ* (centi-)	c
10^{12}	テ ラ (tera-)	T	10^{-3}	ミ リ (milli-)	m
10^{9}	ギ ガ (giga-)	G	10^{-6}	マ イ ク ロ (micro-)	μ
10^{6}	メ ガ (mega-)	M	10^{-9}	ナ ノ (nano-)	n
10^{3}	キ ロ (kilo-)	k	10^{-12}	ピ コ (pico-)	p
10^{2}	ヘ ク ト* (hecto-)	h	10^{-15}	フ ェ ム ト (femto-)	f
10^{1}	デ カ* (deca-)	da	10^{-18}	ア ト (atto-)	a

*　特に必要な場合のみに用いる

3) 長さ

	km	m	mm
1 km =	1	1×10^{3}	1×10^{6}
1 m =	1×10^{-3}	1	1×10^{3}
1 cm =	1×10^{-5}	1×10^{-2}	1×10
1 mm =	1×10^{-6}	1×10^{-3}	1
1 μm =	1×10^{-9}	1×10^{-6}	1×10^{-3}
1 nm =	1×10^{-12}	1×10^{-9}	1×10^{-6}
1 Å =	1×10^{-13}	1×10^{-10}	1×10^{-7}
1 in =	2.54×10^{-5}	2.54×10^{-2}	25.4
1 ft =	3.048×10^{-4}	0.304 8	304.8
1 yd =	9.144×10^{-4}	0.914 4	914.4
1 mile =	1.609 344	1 609.344	$1.609\,344 \times 10^{6}$

4) 応力

	Pa	dyn/cm^2	kgf/mm^2
1 Pa =	1	1×10	$0.101\,971 \times 10^{-6}$
1 dyn/cm^2 =	0.1	1	$1.019\,71 \times 10^{-8}$
1 kgf/mm^2 =	$9.806\,65 \times 10^6$	$98.066\,5 \times 10^6$	1
1 kgf/cm^2 =	$9.806\,65 \times 10^4$	$98.066\,5 \times 10^4$	1×10^{-2}
1 tf/cm^2 =	$9.806\,65 \times 10^7$	$9.806\,65 \times 10^8$	1×10
1 tf/in^2 =	$15.200\,34 \times 10^6$	$0.152\,003\,4 \times 10^9$	1.550 00
1 lb/in^2 =	$6.894\,758 \times 10^3$	$68.947\,58 \times 10^3$	$0.703\,069\,6 \times 10^{-3}$

5) 圧力

	Pa	atm	Torr
1 Pa =	1	$9.869\,23 \times 10^{-6}$	$7.500\,6 \times 10^{-3}$
1 bar =	1×10^5	0.986 923	750.06
1 atm =	101.325	1	760
1 Torr =	133.322	$1\,315\,78 \times 10^{-3}$	1
1 kgf/cm^2 =	$9.806\,65 \times 10^4$	0.967 841	735.559
1 psi =	$6.894\,758 \times 10^3$	0.068 045 9	51.714 92
1 mmH$_2$O =	9.806 65	$0.967\,841 \times 10^{-3}$	0.073 555 9

1 [atm] = 760 [mmHg] = 1.013 25 [bar] = $1.013\,25 \times 10^6$ [dyn/cm^2]
1 [Torr] = 1 [mmHg]

6) 物理定数

電子の電荷 (e)	4.803×10^{-10} [esu]
	$= 1.602 \times 10^{-20}$ [emu]
	$= 1.602 \times 10^{-19}$ [C]
電子の静止質量 (m)	9.11×10^{-28} [g]
電子の比電荷 (e/m)	5.27×10^{17} [esu/g]
	$= 1.759 \times 10^7$ [emu/g]
水素原子の質量 (m_H)	1.673×10^{-24} [g]
1グラム分子の分子数	6.023×10^{23}/mol
理想気体1グラム分子の標準体積 (0℃, 1気圧)	22.4 l
1グラム分子に対する気体定数 (R)	8.31×10^7 [erg/deg]
1気圧, 0℃の気体の分子数密度	2.69×10^{19}/cm^3
1mmHg, 0℃の気体の分子数密度	3.54×10^{16}/cm^3
プランク定数 (h)	6.63×10^{-27} [erg·s]
ボルツマン定数 (k)	1.38×10^{-16} [erg/deg]
1電子ボルト [eV]	1.602×10^{-12} [erg]
1 [eV] = kT を満足する温度 T の値	11 600 [K]
水素原子の電子のボーア軌道の半径 (a_0)	0.528×10^{-8} [cm]
真空中の光の速度	$2.997\,925 \times 10^8$ [m/s]
空気中の音の速度 (0℃)	331.68 [m/s]
重力の加速度 (標準)	9.806 65 [m/s^2]
氷点の絶対温度	273.150 0 [K]
熱の仕事当量	4.186 [J/cal]

1 [eV] = 1.6×10^{-12} [erg]
1 [erg] = 6.25×10^{11} [eV]

7) MKS単位とcgs単位の換算

量	名称	記号	定義	MKS単位	cgs電磁単位	cgs静電単位
力	ニュートン	N	$1N=1kg\cdot m\cdot s^{-2}$	1N	$=10^5$ [dyn]	
仕事,エネルギー	ジュール	J	$1J=1N\cdot m$	1J	$=10^7$ [erg]	
電力,仕事率	ワット	W	$1W=1J\cdot s^{-1}$	1W	$=10^7$ [erg/s]	
起電力,電位	ボルト	V	$1V=1J\cdot C^{-1}$	1V	$=10^8$ [emu]	$=1/300$ [esu]*
電界の強さ				1V/m	$=10^6$ [emu]	$=1/(3\times10^4)$ [esu]*
電流				1A(アンペア)	$=10^{-1}$ [emu]	$=3\times10^9$ [esu]*
起磁力				1AT(アンペア回数)	$=4\pi/10$ ギルバート (Gb)*	$=12\pi\times10^9$ [esu]
磁界の強さ				1AT/m	$=4\pi/10^{-3}$ [Å]	$=12\pi\times10^7$ [esu]
磁束	ウェーバ	Wb	$1Wb=1V\cdot s$	1Wb	$=10^8$ マクスウェル(Mx)*	$=1/300$ [esu]
磁束密度	テスラ	T	$1T=1Wb\cdot m^{-2}$	$1Wb/m^2$	$=10^4$ ガウス(G)*	$=1/(3\times10^6)$ [esu]
磁極の強さ				1Wb	$=10^8/4\pi$ [emu]*	$=1/(12\pi\times10^2)$ [esu]
磁化の強さ				$1Wb/m^2$	$=10^4/4\pi$ [emu]*	$=1/(12\pi\times10^6)$ [esu]
誘電束				1C(クーロン)	$=4\pi/10$ [emu]	$=12\pi\times10^9$ [esu]*
電束密度				$1C/m^2$	$=4\pi/10^{-5}$ [emu]	$=12\pi\times10^5$ [esu]*
電気量	クーロン	C	$1C=1A\cdot s$	1C	$=10^{-1}$ [emu]	$=3\times10^9$ [esu]*
分極の強さ				$1C/m^2$	$=10^{-5}$ [emu]	$=3\times10^5$ [esu]*
電気抵抗	オーム	Ω	$1\Omega=1V\cdot A^{-1}$	1Ω	$=10^9$ [emu]	$=1/(9\times10^{11})$ [esu]*
磁気抵抗				1AT/Wb	$=4\pi/10^{-9}$ [emu]	$36\pi\times10^{11}$ [esu]
インダクタンス	ヘンリー	H	$1H=1\cdot Wb\cdot A^{-1}$	1H	$=10^9$ [emu]	$=1/(9\times10^{11})$ [esu]
静電容量	ファラド	F	$1F=1C\cdot V^{-1}$	1F	$=10^{-9}$ [emu]	$=9\times10^{11}$ [esu]
μ_0 =真空透磁率				1.257×10^{-6} [H/m]	$=1$ [emu]*	$=1/(9\times10^{20})$ [(s/cm)^2]
ε_0 =真空誘電率				8.855×10^{-12} [F/m]	$=1/(9\times10^{20})$ [(s/cm)^2]	$=1$ [esu]

(1) ＊印:ガウス単位系における値はこれと同じである。
(2) 上表の換算計数は真空中の光の速度を 3×10^{10} [cm/s] としてある。

μ_0, ε_0 はMKSで下のように表すこともある。

$$\mu_0=1.257\times10^{-6} [\text{Wb/AT}\cdot\text{m}]=4\pi\times10^{-7} [\text{Wb/AT}\cdot\text{m}]$$

$$\varepsilon_0=8.855\times10^{-12} [\text{C/V}\cdot\text{m}]=\frac{1}{9\times4\pi}\times10^{-9} [\text{C/V}\cdot\text{m}]$$

SI単位系とMKS単位系との相違点

量	MKS単位系	SI単位系
磁束密度	Wb/m^2	T
コンダクタンス	Ω	S
電力量	W·s	J

索 引

英数字

1ウエーハ1デバイス ·················· 29
1ウエーハ多数デバイス ··············· 29
3塩化シリコンガス ···················· 23
3レベルNPC式
　　PWM三相電圧形変換回路 ······ 110
CZ法 ···································· 23
FZ法 ···································· 23
GTO ····························· 14, 54, 63
IGBT ······························· 16, 46
Kilby特許 ······························· 10
K軌道 ··································· 19
L軌道 ··································· 19
MOSFET ··························· 15, 42
M軌道 ·································· 19
n形シリコン ···························· 20
n形シリコン単結晶 ···················· 20
nチャンネル ··························· 42
nチャンネル・エンハンスメント ····· 42
PWM制御 ························ 97, 109
p形シリコン ···························· 21
p形シリコン単結晶 ···················· 20
VVVF ································· 110

あ 行

安全動作領域 ····················· 41, 64

イオン注入 ····························· 28
陰極 ···································· 35
インパルス転流 ······················· 14

ウエーハ ······························· 22
永久磁石 ······························ 166
永久磁石式多極同期発電機 ········ 142
エミッタ ······························· 39
エミッタ接合 ·························· 39
エミッタ接地 ·························· 39
エレメント ···························· 22
エンハンスメント ···················· 42

オフ状態（絶縁状態）················ 13
オフ電圧 ······························ 49
オフ電流 ······························ 49
オン・オフ動作 ······················· 13
オン状態（導通状態）················ 13
オン損失 ······························ 67

か 行

回転界磁型 ·························· 147
外来ノイズ ··························· 70
かご形誘導電動機 ·················· 152
重なり角 ······························ 78
過剰キャリア ························· 21
活性領域 ······························ 40
過渡熱インピーダンス ··············· 67
加熱拡散（添加元素の）············· 28
ガリウムひ素 ························· 22

気相（エピタキシャル）成長 ······· 28
軌道（電子の）······················ 18
逆回復時間 ··························· 38
逆回復電荷 ··························· 38
逆回復電流 ··························· 38

逆阻止 ·· 48
逆阻止期間 ·· 37
逆阻止三端子サイリスタ ················ 48
逆阻止状態 ································ 36, 51
逆阻止損失 ·· 37
逆阻止電流 ·· 36
逆電圧 ·· 35
逆バイアス安全動作領域 ················ 42
逆変換 ·· 93
逆方向 ·· 36
キャリア ·· 36
キャリア周波数 ······························ 109
共振形間接変換回路 ······················ 105
共有結合 ·· 19

空乏層 ·· 36

珪石 ·· 18
ゲート ·· 42
ゲート順電流 ···································· 49
ゲートターンオフサイリスタ
　　　（GTO） ······················ 16, 54, 63
ゲート端子 ·· 48
ゲートトリガ方式 ·························· 139
原子 ·· 18
原子核 ·· 18

降圧チョッパ ···································· 97
降圧チョッパ回路 ···························· 97
公称電圧標準値
　　（電力会社の送配電の標準電圧） ···· 12
高調波 ·· 111
高調波成分 ·· 12
高調波フィルタ ······························ 112
交－直電圧変換係数 ························ 73
交－直電流変換係数 ························ 78
交流 ·· 72
交流（電源，負荷） ························ 12
交流フィルタ ·································· 114

固定子界磁型 ·································· 147
コレクタ ·· 39
コレクタ・エミッタ飽和電圧 ······ 41
コレクタ接合 ···································· 39
コレクタ損失 ···································· 41

さ　行

サーボ制御システム ······················ 148
サイクロコンバータ ························ 89
再結合 ·· 20
最大エネルギー積（永久磁石の） ···· 166
サイリスタ ·· 73

自制式 ·· 91
写真蝕刻（リゾグラフィー） ········ 28
遮断領域 ·· 40
集積デバイス ······································ 3
自由電子 ·· 19
順損失 ·· 37
順電圧 ·· 36
順電圧阻止状態 ································ 49
順電流 ·· 36
順バイアス安全動作領域 ················ 42
順変換 ·· 93
順方向 ·· 36
昇圧チョッパ ···································· 97
昇圧チョッパ回路 ···························· 98
省エネインバータ冷蔵庫 ·············· 126
消流 ·· 14
蝕刻（エッチング） ························ 29
ショットキーバリアダイオード ···· 101
シリコンウエーハ ···························· 21
シリコンカーバイド ························ 22
シリコン多結晶（ポリシリコン） ···· 23
シリコン単結晶基板（ウエーハ） ···· 6
真性半導体 ·· 18

スイッチング損失 ···························· 65

索　引　**181**

スナバ回路 ………………………… 65
すべり ……………………………… 152
制御 ………………………………… 3
制御遅れ角 ………………………… 73
正群（サイクロコンバータの）…… 89
正孔 …………………………… 15, 19
正孔電流 …………………………… 36
静特性 ……………………………… 17
整流作用 …………………………… 15
接合温度 ……………………… 41, 67
接合形ゲルマニウムトランジスタ … 4

ソース ……………………………… 42

た　行

ターンオフ（電力）損失 ………… 65
ターンオフ損失 …………………… 41
ターンオン ………………………… 49
ターンオン（電力）損失 …… 41, 65
ターンオン時間 …………… 41, 51, 61
待機時消費電力 …………………… 129
待機時消費電力量 ………………… 130
太陽光発電システム ……………… 140
多象限チョッパ回路 ……………… 99
他制式 ……………………………… 91

チャンネル ………………………… 42
直流（電源，負荷）………… 12, 72
直流電動機 ………………………… 146
直流電流増幅率 …………………… 40
直流フィルタ ……………………… 112
直列接続 …………………………… 68
チョッパ回路 ……………………… 97

定格（デバイスの）……………… 17
定格サージ順電流 ………………… 37
定格ピークくり返しゲート順損失 … 62
定格ピークゲート順電圧 ………… 62

定格ピークゲート順電流 ………… 62
デバイス転流 ……………………… 14
電圧形方形波逆変換回路 ………… 107
電圧形インバータ ………………… 91
添加物半導体 ……………………… 20
電球型省エネ蛍光ランプ ………… 122
電源 …………………………… 12, 72
電源転流 ……………………… 14, 79
電子 …………………………… 15, 18
電子スイッチ ……………………… 13
電子電流 …………………………… 36
電磁波ノイズ ……………………… 70
点接触ゲルマニウムトランジスタ … 3, 8
伝導性ノイズ ……………………… 70
転流 ………………………………… 14
転流インダクタンス ……………… 84
電流形方形波逆変換回路 ………… 107
電流形インバータ ………………… 91
転流ターンオン …………………… 51
電流トリガターンオフ …………… 49
転流余裕角 ………………………… 93
電力 ………………………………… 3
電力変換回路 ……………………… 11
電力変換効率 ……………………… 129
電力変換装置 ……………………… 11

同期電動機 …………………… 146, 150
動特性 ……………………………… 17
ドレイン …………………………… 42

な　行

内部ダイオード ……………… 44, 46
内来ノイズ ………………………… 70

二象限運転 ………………………… 148
二次降伏現象 ……………………… 41

熱間厚板圧延 ……………………… 154

熱抵抗 ････････････････････････ 67

は 行

ハイブリッド車 ･･････････････ 163
バイポーラトランジスタ ･････ 15, 38
パッケージング ････････････････ 29
発光デバイス ･･････････････････ 3
パルス幅変調 (PWM) ･･････ 97, 109
パワーエレクトロニクス ･･････････ 3
パワーデバイス ･････････････････ 3
パワーモジュール ･･････････････ 31
半導体 (デバイス) ････････････ 3, 18

ピークゲート逆電圧 ･･････････ 62
ピーク動作逆電圧 ････････････ 37
ピーク非くり返し逆電圧 ･･････････ 36
光信号伝送用光ファイバー ･･･････ 63
光トリガサイリスタ ･･････ 16, 29, 52

風力発電システム ････････････ 141
フォワード形間接変換回路 ････ 101
負荷 ････････････････････････ 72
負荷転流 ････････････････････ 14
負群 (サイクロコンバータの) ･･･ 89
プッシュプル形間接変換回路 ･･ 103
フライバック形間接変換回路 ･･ 102
ブラシレス直流電動機 ････････ 149
ブレークオーバー電圧 ･･････････ 49
フレミングの左手の法則 ･･････ 146
分圧回路 ････････････････････ 69

並列接続 ････････････････････ 69
ベース ･･････････････････････ 39
ベクトル制御 ･･････････････････ 156
ベベル加工 ････････････････････ 29

飽和領域 ････････････････････ 41
保護回路 (デバイスの) ･･･････ 11

ま 行

巻線形誘導電動機 ････････････ 152

無停電電源装置 ････････････ 12, 128

モノポーラトランジスタ ･･･････ 42

や 行

誘導電動機 ･･････････････ 146, 152

陽極 ･･････････････････････ 35
陽極電圧 ････････････････････ 35
陽極特性 ････････････････････ 36
余剰電子 ････････････････････ 20
四象限運転 ･･････････････････ 147

ら 行

力率改善用コンデンサ ･･････････ 88
リソグラフィー工程 ････････････ 28

冷却装置 (デバイスの) ･････ 11, 67
連続圧延 ･･････････････････ 154

〈著者紹介〉

岸　敬二
きし　けいじ

- 学　歴　慶應義塾大学工学部電気工学科卒業(1952)
  　　　　工学博士(1969)
- 職　歴　東京芝浦電気株式会社(現㈱東芝)入社(1952)
  　　　　東芝　研究開発センター次長(1979)
  　　　　東芝セラミックス㈱(現 コバレントマテリアル㈱)取締役(1986)
  　　　　プラハ市Czech Technical University 教授(1993)
  　　　　日本工業大学　電気電子工学科　教授(1995)
- 現　在　Czech Technical University 客員教授
  　　　　「㈳科学技術と経済の会」アドバイザー
  　　　　日本チェコ友好協会副会長
- 著　書　『サイリスタとその応用技術』東京電機大学出版局(1976)(電気学会著作賞1977)
  　　　　『パワーエレクトロニクスの基礎』東京電機大学出版局(1996)
  　　　　『高電圧技術』コロナ社(1999)(電気学会著作賞2000)

パワーエレクトロニクスとその応用　省エネ・エコ技術

2008年10月20日　第1版1刷発行

著　者　岸　敬二

発行所　学校法人　東京電機大学
　　　　東京電機大学出版局
　　　　代表者　加藤康太郎

〒101-8457
東京都千代田区神田錦町2-2
振替口座　00160-5-71715
電話　(03)5280-3433（営業）
　　　(03)5280-3422（編集）

印刷　三立工芸㈱
製本　渡辺製本㈱
装丁　高橋壮一

© Kishi Keiji 2008

Printed in Japan

＊無断で転載することを禁じます。
＊落丁・乱丁本はお取替えいたします。

ISBN 978-4-501-11450-3　C3054

学生のための情報テキスト

学生のための FORTRAN
秋冨 勝ほか 共著　B5判　180頁

学生のための 構造化 BASIC
若山芳三郎 著　B5判　152頁

学生のための Excel VBA
若山芳三郎 著　B5判　128頁

学生のための Word & Excel
若山芳三郎 著　B5判　168頁

学生のための Word
若山芳三郎 著　B5判　124頁

学生のための Visual Basic .NET
若山芳三郎 著　B5判　164頁

学生のための C&C++
中村隆一 著　B5判　216頁

学生のための 基礎C++ Builder
中村隆一・山住直政 共著　B5判　192頁

学生のための 情報リテラシー
若山芳三郎 著　B5判　196頁

学生のための インターネット
金子伸一 著　B5判　128頁

学生のための IT入門
若山芳三郎 著　B5判　160頁

学生のための 上達Java
長谷川洋介 著　B5判　226頁

学生のための Excel & Access
若山芳三郎 著　B5判　184頁

学生のための 詳解C
中村隆一 著　B5判　200頁

学生のための C
中村隆一ほか 共著　B5判　160頁

学生のための Excel
若山芳三郎 著　B5判　168頁

学生のための C++
中村隆一 著　B5判　216頁

学生のための Word & Excel Office XP版
若山芳三郎 著　B5判　160頁

学生のための Visual Basic
若山芳三郎 著　B5判　168頁

学生のための UNIX
山住直政 著　B5判　128頁

学生のための Access
若山芳三郎 著　B5判　132頁

学生のための 応用C++ Builder
長谷川洋介 著　B5判　222頁

学生のための 情報リテラシー Office XP版
若山芳三郎 著　B5判　196頁

学生のための 情報リテラシー Office/Vista版
若山芳三郎 著　B5判　200頁

学生のための 入門Java
中村隆一 著　B5判　168頁

学生のための Photoshop & Illustrator CS版
浅川 毅 監修　B5判　140頁

学生のための 基礎C
若山芳三郎 著　B5判　128頁

学生のための OpenOffice.org
可知 豊 著　B5判　192頁

＊定価，図書目録のお問い合わせ・ご要望は出版局までお願いいたします。
URL　http://www.tdupress.jp/